停止精神内耗

告别内心的焦虑

刘青竹 编著

吉林文史出版社
JILIN WENSHI CHUBANSHE

图书在版编目（CIP）数据

停止精神内耗：告别内心的焦虑 / 刘青竹编著. --
长春：吉林文史出版社, 2023.12
ISBN 978-7-5472-9945-6

Ⅰ. ①停… Ⅱ. ①刘… Ⅲ. ①心理调节－通俗读物
Ⅳ. ①B842.6-49

中国国家版本馆CIP数据核字(2023)第206428号

停止精神内耗：告别内心的焦虑
TINGZHI JINGSHEN NEIHAO:GAOBIE NEIXIN DE JIAOLÜ

出 版 人　张　强
编　　著　刘青竹
责任编辑　钟　杉
封面设计　韩海静
版式设计　郭红玲
出版发行　吉林文史出版社
地　　址　长春市净月区福祉大路5788号
印　　刷　三河市燕春印务有限公司
开　　本　670mm × 960mm　　1/16
印　　张　14
字　　数　135千
版　　次　2023年12月第1版
印　　次　2023年12月第1次印刷
书　　号　ISBN 978-7-5472-9945-6
定　　价　59.00元

Preface 序言

一个人在没有器官、组织的病症和功能上的缺陷前提下，如果感觉无所适从、乏力疲劳，反应迟钝、活力降低、不喜接触新鲜事物，经常处在焦虑、烦乱、无聊无助的状态，那么他极有可能陷入了精神内耗之中。虽然精神内耗的表现因个人情况、所处环境等不同而有所差别，但常见表现主要包括：

（1）总是突然想起过去做的糗事，觉得自己一无是处。

（2）结果大于过程，未行动先焦虑。

（3）过于敏感，思虑过多。

（4）重度拖延症，很多事情都拖到最后一刻才开始做。

（5）总是担心自己做得不够好。

如果你觉得精神内耗仅仅是一个小状况，那就大错特错了。生活中的精神内耗会引发个体的多种不良情绪反应，而这种反应无法依靠药品、医疗手段来解决。但放任不管又存在极大的健康隐患，可能会引发抑郁症等严重后果，还可能因情绪郁结造成个体抵抗力下降，罹患慢性疾病等。

如果一个人能从焦虑、情绪反刍转入冷静与平稳的状态，那他的生活仍然有望回归正常，并对整个社会产生积极的影响。

本书致力于为所有被长期精神内耗损害了生活品质的人服务，重点提出克服精神内耗的方法：化解焦虑、降低敏感度、提升钝感力、克服完美主义、强大心灵后盾等。我们还将通过具体的人物案例分析，展现克服精神内耗的途径，帮助大家拥抱美好的生活。

内耗问题并非个案，也并不是不治之症，本书通过具体的人物案例分析，让你与自己对照，发现相应的问题，找出思维缺陷，反思生活现状，走出行为误区，重新获得自信。

最后，相信通过阅读本书，每个人都能有勇气摆脱内耗反刍的恶性循环；无论情况多么变幻莫测，你都能找回那个曾经自信有活力的自己。

Contents 目录

第一章　化解焦虑，重新找回自己

第二章　做个不完美主义者更幸福

第三章　恐惧不在外，安全从内心寻找

第四章　获得钝感力，减少毫无意义的内耗

第五章 重塑自我认知，正确认识羞耻感

第六章 抗压能力提升，在逆境中培养强大的内心

第七章 打开自我关怀模式，保持最佳内在状态

第八章　获得心流状态，让生命二次成长

第一章 化解焦虑，重新找回自己

来自原始社会的生存信号

在远古时期，人类祖先曾在恶劣环境中艰难求生。他们在雷电交加、风暴肆虐的夜晚躲在山洞里，听着森林和荒野间猛兽的咆哮声。为了适应这种环境，他们逐渐培养了迅速察觉并应对潜在威胁的能力。在这种假设性的威胁下，他们的生存概率得到了显著提高。

焦虑作为一种特殊表征，时刻提醒着我们要提高适应险恶环境的能力。这种能力对于我们的祖先来说是非常有益的，因为它可以帮助我们的祖先在面对潜在危险时做好准备。与此同时，由于他们需要付出更多的体力来应对这种恶劣环境，他们的身体会产生压力化学物质。这些物质在排出体外的过程中，有助于减轻他们的压力和焦虑。

在现代社会，我们遭受狮子或老虎这类猛兽威胁的可能性极低，但所面临的精神压力却变得更加复杂。生活中面临的压力主要表现为考试、完成项目任务的最后期限、工作表现和地位、家庭关系以及生活中的突发事件等。然而，在这些现代生活环境中，压力很难通过战斗或逃跑来解决。

当生活中的问题长时间得不到解决时，我们的心理机制可能会过度激活或频繁触发，从而对我们的大脑和身体产生负面影响。在长期焦虑的状态下，我们的肾上腺皮质激素会持续释放，这不仅会抑制免疫系统的功能，导致免疫力下降，使我们更容易感染疾病；同时，皮质激素还会刺激中枢神经系统，使我们感到必须有事可做，否则就会感到不安。

此外，皮质激素还会抑制大脑松果体褪黑素的分泌。如果褪黑素分泌减少，我们可能会出现入睡困难甚至失眠的症状。因此，焦虑不仅会导致压力过大，引发失眠等健康问题，长期的应激反应还可能会增加心脏病和癌症的风险，进一步降低我们的免疫力。

卡尔的原生家庭环境极为恶劣，童年充满了困苦和挣扎。父亲酗酒成性，对母亲施暴，使母亲承受着无尽的痛苦。在长期的家庭暴力中，母亲的精神状况急剧恶化，她的情绪变得极端不稳定。为了摆脱这种痛苦的生活，母亲带着孩子们离开了家乡，来到了一个亲戚们居住的城市生活。然而，他们并没有得到亲戚的帮助，没有房子，只能选择在一家条件恶劣的旅馆里居住。

更糟糕的是，由于母亲精神崩溃，卡尔被送到了一个收养家庭。在这个全新的环境中，他再次经历了无尽的痛苦和孤独。他没有感受到任何温暖，总是被排挤和忽视。他的养父时常皱眉头，这让他感到极度的恐惧和不安。卡尔学会了像母亲一样压抑和忍耐自己的情绪，但这并没有使他的生活变得更好。相反，他变得更加焦虑和恐慌。

成年后的卡尔开始工作，但他面临着巨大的压力和挑战。他的焦虑情绪常常突然出现，甚至有时会出现晕厥现象。为了逃避这种痛苦，他开始拼命地工作，试图掩盖自己的问题。然而，他的社交恐惧症逐渐加重，使他对人群密集的地方感到极度恐惧。有一天，他突然感到头晕、恶心、全身发抖、喘不过气来，整个人仿佛快要窒息一般。他此时并没有选择去看医生，相反，他在想尽一切办法逃避这件事，他对外假装一切都很好，甚至连他的妻子也不知道他得了焦虑症。他的焦虑症时常突然发作，甚至有时会出现晕厥现象，因此在那段时间里，他对人群密集的地方感到极度恐惧，并逐渐发展成了严重的社交恐惧症。

研究表明，我们的想法、情感和信念能够影响基因表达的方式。事实上，我们每个人都在从某种程度上参与着基因工程。这种影响可以在健康状况、寿命长度以及疾病发展和发生方面发挥作用。如果我们学不会如何调节体内环境，就可能引发有害的生物化学反应，其后果可能是灾难性的。虽然DNA脱氧核糖核酸并不是决定我们命运的唯一因素，但消极的想法确实可以激活与压力相关的1200个基因中的任何一个。而这些基因大多数与慢性疾病、抑郁症和绝望情绪的出现有关。

本节重点

在现代社会，我们面临的日常威胁通常并非生理因素，而是社交领域的潜在风险和危险。例如，担心上班迟到导致上司生气、在聚会中与陌生人交谈时可能会感到焦虑。虽然这些情况并不涉及生理性的威胁，如身体惩罚或人身伤害，但仍然会让我们感到不安，这是因为人类的威胁探测系统无法区分生理性威胁或社会性威胁。尽管我们生活在一个相对安全的环境中，但仍须关注社交领域中的潜在威胁。通过认识到这些威胁的本质并采取适当的应对措施，我们可以更好地保护自己免受焦虑的困扰。

关于焦虑，心理学家这样说

在焦虑问题方面，许多心理学家已进行了大量的深入研究，并在实践过程中持续拓展和完善自己的理论体系。他们的研究成果为焦虑理论的发展提供了丰富的观点和资料，为该领域的进步做出了显著的贡献。

以下简要介绍了西格蒙德·弗洛伊德、奥托·兰克、索伦·克尔凯郭尔、阿尔弗雷德·阿德勒、罗洛·梅等人对焦虑观念的深入剖析，以使我们能够更为全面地理解焦虑的本质。

1.弗洛伊德的焦虑进化论

弗洛伊德，这位奥地利的杰出精神病医师、心理学家以及精神分析学派的创立者，被广泛认为是在焦虑理论构建方面做出卓越贡献的人物。其理论有：

（1）第一焦虑理论

在《精神分析导论》一书中，弗洛伊德阐述了这样一种观点："力比多的刺激消失了，焦虑取而代之，不论是预期的焦虑形式、攻击还是相当于焦虑的情绪状态。"（力比多被广义地理解为所有身体器官所带来的愉悦感受。弗洛伊德认为，力比多是一种本能，是一种力量，是驱动人的心理现象发生的关键因素。）

因此，从第一焦虑理论的角度来看，弗洛伊德对焦虑的认知主要侧重于生物学层面。他想要阐述的观点是，当力比多受到抑制时，它将转化为焦虑，并以形式多样的焦虑或类似焦虑的症状重新显现。

（2）第二焦虑理论

在长期的临床观察和推理过程中，弗洛伊德意识到自己的第一个焦虑理论存在许多不合理之处。因此，他否定了自己的第一个焦虑理论，并提出了一个新的理论：焦虑并非源于抑制，而是与抑制同时出现。弗洛伊德认为，人们之所以会感到焦虑，是因为自我意识的存在。当自我意识到潜在的危险时，会产生压抑感，以避免自身陷入过度的焦虑状态。

（3）第三焦虑理论

在第二焦虑理论发展过程中，弗洛伊德逐步形成了一种与“有机组织体”相近的观点。然而，由于受到多种不同理论的影响，他无法给出一个确切的定义，这导致第三焦虑理论未能得出合理的结论。

2.奥托·兰克的分离焦虑说

奥托·兰克，作为奥地利心理学家和精神分析学派的忠诚信徒，他阐述了一种观点：人的一生都在不断地经历分离。这些分离体验，如婴儿诞生、断奶、入学等，都赋予个体更大的自主性。同样，告别单身、结婚以及面对死亡等重大生活转折，也引发了人们的焦虑。此外，如果在追求自主性的过程中，个人所处的生活环境受到破坏或被迫与当前的安全环境分离，也会引发焦虑情绪。

3.克尔凯郭尔的自我焦虑说

克尔凯郭尔，一位享有盛誉的丹麦哲学家和诗人，被视为现代存在主义哲学的奠基人以及现代人本主义心理学的开拓者。他的核心观点是：存在本身就引发了焦虑。在他的存在主义哲学中，有两个关键概念至关重要。首先，他主张存在优先于本质，这意味着人们可以利用他们所处的现实环境去塑造自己的内在本质，实现自己内心的愿望，成为他们理想中的人；其次，他将存在划分为三个不同的等级，即感性存在、理性存在以及宗教性存在。

4.阿尔弗雷德·阿德勒的焦虑和自卑感理论

阿德勒，奥地利精神病学家和人本主义心理学的先驱，个体心理学的创始人。尽管阿德勒的理论并不具备强烈的系统性，他对焦虑问题的观点也没有形成一套完整的理论体系，但他关于焦虑的一些论述实际上已经包含在他丰富且重要的自卑感理论之中。

阿德勒认为，每个人天生就具有一种生理上的自卑感和不安全感。这主要源于在竞争激烈的世界中，人类作为一个整体在实力对比中并未占据优势地位。因此，为了弥补这种内心的不安全感，人类发展出了艺术、文化等活动。在这一过程中，人类的自卑感得到了一定程度的缓解。

5.罗洛·梅的焦虑根源说

罗洛·梅被誉为“美国存在心理学之父”，同时也是人本主义心理学领域的杰出代表。

罗洛·梅的理论认为，焦虑在某种程度上具有其存在的合理性。我们时常沉浸在对无焦虑生活的幻想中，然而这对于现实的理解存在着严重的偏差。

在史前时期，焦虑的存在使穴居人免受野兽和野蛮邻居的侵扰。如今，尽管我们不再担忧猛兽的袭击，但开始担心自己在竞争中的失败、害怕被孤立，这种焦虑仍然保护我们免受这些威胁的影响。焦虑无处不在的原因在于，我们意识到人类随时可能面临威胁到“存在”的各种因素：死亡、疾病以及人与人之间的偏见和敌意。然而，我们往往过于关注焦虑带来的不适体验，包括那些无法解释的不安、不确定性和无助感。从这个角度来看，焦虑的存在可以被视为解决问题的内在驱动力。它使我们的生活变得丰富多彩，提升我们的思维敏锐度和活力，甚至成为我们行为的动力源泉。

本节重点

许多心理学家已经证实，适度的压力和焦虑可以对神经系统和内分泌系统产生积极的调节作用。它们能够激励我们调动生理和心理方面的潜能，以便更有效地应对紧急状况并展现出我们的实力。然而，如果压力或焦虑的程度超过了一定的阈值，这可能会对我们产生负面影响，甚至可能对我们的心理和生理健康构成威胁。

所以适度的压力和焦虑是必要的，因为它们可以帮助我们在面临挑战时保持警觉和专注。但是，过度的压力和焦虑可能会导致我们无法正常思考和行动，从而影响我们的表现和健康。因此，我们需要学会如何管理和控制自己的压力和焦虑，以便在需要的时候发挥出最大的潜力。

负面“小作文”如何“辅助”焦虑成长

在前面的小节里，我们从多个方面分析了人产生焦虑情绪的原因，并了解到在应对各种情况时，人类的大脑首先表现出焦虑，然后才开始进行思考。即使是在与友善的人交往或处于安全的环境中，我们仍会首先审视周围环境，以确认是否存在潜在的危险。大脑对负面信息的反应更为敏感，这就是大脑的“负面倾向”。

在“负面倾向”的指引下，负面“小作文”开始不断编造。在此刻，我们的大脑往往会不自觉地想象出各种负面结果和故事。尽管我们理性上明白这些并非现实，但感性却使我们不断加强这种消极的想法，令我们逐渐变得坚信不疑。大脑会自动地加工、想象出最糟糕的结果，以便我们能够采取行动，避免发生灾难性的后果。这种想法通常是在无意识中产生的，大多数时候我们甚至都没有察觉到。

李晨正坐在办公室的电脑前，尽管他看上去像是在工作，但实际上他已经心烦意乱，坐立不安。他眼前的文档不断地打开和关闭，时间在无情地流逝，而他却感觉自己即将崩溃——我到底怎么了？

原来，刚才他的同事告诉他，经理希望他五点钟去办公室一趟商讨一些事情。现在距离五点还有一个小时二十分钟，这为他提供了充足的时间去胡思乱想。“难道是我上次的报告敷衍了事，被经理察觉了？”“天啊！这次的项目是不是失败了？好像是我把甲方领导得罪了，这次完蛋了……”

仅仅5分钟后，李晨已经列举出了自己的十几条“严重”的“罪状”。他的手头工作更是完全无法进行，只剩下脑海中的负面“小作文”越编越起劲。

“上次开会特别强调了工作态度问题，我这次肯定会被开除……”“如果真的被开除，我该如何向妻子解释？那太丢脸了……而且现在就业这么困难……”“同事肯定会嘲笑我，尤其是那个张杰一直和我过不去，这次他肯定在背后嘲笑我……”

就这样，李晨被自己的想法吓得越来越胆战心惊，觉得自己被开除已经是必然的结果。他想来想去，认为与其被开除，还不如主动写一份辞职报告，这样至少还能保存脸面。

终于到了五点，李晨握着辞职报告来到经理办公室门前，深吸了几口气，推开了门……

你猜怎么样？经理看见他后笑了，招手让他过去。李晨却在心中疑惑：他竟然会笑？他叫我走那么近干什么？难道是想要先打我一巴掌？

结果经理只是拍了拍他的肩膀，说："这次的项目很成功，你干得真漂亮！我决定把另一个项目也交给你，让你过来讨论一下……"一件升职加薪的好事，活生生被李晨想象成公司要把他开除的悲剧。

有人认为自己的性格倾向于悲观，总是无法控制地预想最坏的结果。然而，解决这个问题的方法非常简单：你需要思考一个问题，那就是：你所担忧的糟糕情况真的会发生吗？请记住，无论你如何设想事情可能出现的最坏结果，这都是大脑为了保护我们而产生的自然反应。然而，如果我们将这些想象中的灾难性后果当作现实来对待，就会出现问题。感到恐惧和担忧是因为我们被自己设想出的可怕后果所吓倒。当我们无法区分想象和现实时，痛苦的感觉就会产生。

在焦虑的重复折磨下，这种痛苦是难以名状且刻骨铭心的，无数被焦虑所困扰的人们都在找寻着从焦虑中解脱的方法。鲁迅先生曾说："真的勇士敢于直面惨淡的人生。"我们需要学会强化自我的担当，让自己意识到负面想法的来源和本质，并学会独自承受。这不仅可以帮助我们更好地处理内心的负面情绪，还可以增强自我意识和自我控制力。

在强化自己的担当时，我们需要摒弃依赖他人或外部因素来承担责任的想法，将责任放在自己身上。这并不意味着我们要孤立自己或过度自责，而是要学会独立思考、自主决策和自我管理。只有这样，我们才能真正成为自己的主人，掌控自己的命运。

同时，这个方法也可以帮助我们更好地理解和接纳自己的情感和需求。很多时候，我们的担忧和恐惧都源于对自己的不确定感和不安全感，而这些感受又常常被我们压抑或忽视。通过强化自己的担当，我们可以更加清晰地认识自己的内心世界，从而更好地满足自己的情感和需求。

总之，强化自己的担当是一种积极的心理调适方法，可以帮助我们更好地应对生活中的挑战和压力，提升自我意识和自我控制力，以及促进个人成长和发展。

“与自己和解”三步走

1.畅通信息渠道

负面思维，即大量负面想法、念头或思想无法在脑中落地，形成信息堵塞。这种状态会带来混乱与焦虑。多做冥想练习，让自己进入放松状态，疏通并整理生活中的各种信息和自我认知。

2.拓宽视野，放弃专注

就像捧沙子的例子，越是紧张专注，手中沙子留得越少。这沙子就是我们获得的信息。允许更多信息流入内心，使自我更加放松，看到更多，不再猜忌。接近自然，记录梦境，了解未知潜意识等，都能帮助你放松。

3.直面“负面”因素

有时候，和要好的人在一起，可能会因为缺少话题或缺少默契而感到沮丧；反之，那些平时不被看好的人或事，却可能给你带来意外的好心情。所以，如果你今天心情不错，可以试着关注那些平时不太受你欢迎的人或事，说不定会有正面收获。

本节重点

当你在一个并不危险的环境中过度激活神经系统时，你的反应将变得异常和混乱。你会对那些并不存在的危机做出反应。同时，如果你感到沮丧，你会在需要高度反应的情况下表现出低唤醒状态，这会导致你的反应变得缓慢。在任何情况下，过度唤醒、疲劳或低唤醒、自由散漫的状态都会最大限度地破坏我们的努力。

在放松状态下，你的唤醒水平可以帮助你更好地应对压力，从而发挥最佳水平。学会自我调节，以便你可以在放松和警惕之间取得平衡。这样，你就不必担心过度焦虑或过度放松，而能够更好地掌控自己的情绪和反应。

暴露与反应阻断疗法，有效缓解强迫症的焦虑感

强迫症，这个词在我们的生活中并不陌生。它是一种与焦虑紧

密相关的疾病，表现为人们在日常生活中反复出现的强迫性思维和行为。患有强迫症的人往往会表现出一种呆板、戒备的心态，以及对事物的无法控制。这种状况无疑会给患者带来极大的困扰，但我们需要明白，强迫症并不是我们的敌人，而是我们需要理解和接纳的朋友。正确看待强迫症，可以减轻自己的纠结和困扰。我们要认识到强迫症并非一种可怕的疾病，而是一种可以通过合适的方法得到改善的心理状态。

在日常生活中，你可能会发现自己有一些强迫行为或者倾向。轻度的强迫行为对你的生活影响并不大，可能只是偶尔打扰你，让你感到有些不悦；然而，强迫症却会给你带来巨大的焦虑和痛苦，影响你的人际交往，甚至影响到你的日常生活和工作。

从心理学的角度来看，强迫症被定义为强迫性思维和强迫行为。强迫思维是指当一个人遇到他们不喜欢或者令人不愉快的事物时，他们的大脑中会反复出现这些想法，而且他们会竭力试图摆脱这些干扰。而强迫症患者为了摆脱这些想法而采取的行为就被称为强迫性行为，比如反复检查、清洗等。

自我拒斥是心理学中一个重要的概念，指的是个体在心理层面上无法达到自我和谐与统一的状态。强迫性思维是自我拒斥的一种典型表现，它们往往缺乏实际意义，违背了个人的意愿，同时也无法获得自我接纳和认可。以下是一些典型的强迫性思维示例：

“我出来锁门了吧？”（此前已经确认过多次了）

“我必须把椅子擦干净，否则容易把病菌传播给家人和宠物。”

“我钥匙是不是从口袋滑出去了？”

“家里的燃气阀门关了吗？我早上烧的开水灌暖水壶了吗？”

总之，这些强迫性思维都是强迫症患者无法控制的，它们违背了个人的意志，让患者感到非常担忧和害怕，同时还会消耗大量的精力。

南佛罗里达州立大学精神病学和行为神经科学系的乔舒亚·M.纳多博士和埃里克·A.斯托奇博士却发现，强迫症并非无法治愈。他们指出，认知行为疗法中的暴露与反应阻断疗法在治疗强迫症方面取得了显著成效。这种疗法让患者逐步、系统地面对自己的问题，摒弃原有的强迫行为仪式，大约85%的患者因此受益。

暴露与反应阻断疗法的核心理念是将患有强迫症的人置于他们最担忧的情境中，但不允许他们回避或逃避。行为心理学研究表明，如果一个人长时间地暴露在极度恐惧和焦虑的刺激环境中，他会逐渐习惯这种存在，从而使得恐惧和焦虑的反应逐渐减弱。

希希是一位在美国A大学攻读研一的年轻女孩，近期她陷入了洗手强迫症的困扰。尽管她从小学习成绩优异，但在来美的首个学期，她的洁癖逐渐侵入了她的日常生活。公共场所的门把手、快递纸箱、餐厅的餐桌，甚至是卫生间的坐便器，只要是被人使用过的东西，都能引发她可能会染病的担忧。为了避免这种担忧，她不得不处处防范和回避：尽量避免使用校园里的公共卫生间，只在必要时才进入；无论气温如何，她都会戴着一次性塑胶手套，以免接触到“脏”的东西；她还会用大量的纸巾擦拭手机、钥匙、银行卡等私人物品。

为了改善希希的强迫性行为，专业治疗师采用了一种名为暴露练习的方法。首先，让希希想象自己手中拿着一沓脏兮兮的钱；然后让她直接进行实际的暴露体验，拿一沓真实的钱长达45分钟，甚至用手摩擦胳膊和脸。接下来，让她练习用手揉搓地毯；再然后，提高难度，让她试着把手伸进垃圾筐里，翻捡里面的垃圾，并且坚持在3个小时内不洗手。经过多次这样的练习，希希的焦虑水平逐渐降低，强迫性行为也变得不那么强烈了。

在暴露练习结束后，希希彻底摘掉了手套，不再对接触公共物品产生心理障碍，也允许他人触碰她的私人物品了。当然，这些治疗效果还需要在日常生活中进一步巩固。不过，她已经掌握了正确的应对方法，并开始通过营养摄入和生活方式的改变和强化大脑的健康。这些措施将使她离强迫症的噩梦越来越远。

在进行暴露与反应阻断疗法时，我们可以发现，实践的机会实际上无处不在。虽然这些实践可能需要精心设计和安排，但在现实生活中，我们往往会在没有充分准备的情况下遇到某些情境。这是因为暴露练习的本质就是让我们逐步适应并克服强迫症的症状，而不是试图一次性解决所有的问题。

总的来说，要想有效地缓解强迫症，关键在于逐步地、有计划地进行暴露和反应阻断训练。这样一来，我们既能够充分利用生活中的各种机会来实践这种疗法，又能够在实践中逐步增强自己的心理素质和应对能力。因此，我们应该把这种疗法看作一种长期的、渐进的过程，而不是一种一蹴而就的方法。只有这样，我们才能真正地克服强迫症，实现心理健康的目标。

本节重点

研究发现，患有强迫症人的大脑尾状核似乎比普通人更为活跃。通常情况下，尾状核在我们接收到信息后进行常规检查，以确保我们的认知没有出错。然而，当尾状核过于活跃时，它会不断地进行核查。因此，这种过度活跃的尾状核是导致强迫性思维和行为的主要原因。在这种情况下，我们可以认为尾状核在某种程度上扮演了“监督者”的角色，试图确保我们的思想和行为符合特定的标准。然而，当这种监督过于严格或持续不断时，就导致患者产生强迫性思维和行为。

如何应对广泛性焦虑?

在我们的日常生活中，焦虑和担忧是难以避免的情绪体验。尽管适度的焦虑可以提醒我们对潜在危险保持警惕，但过度的焦虑却可能对我们的生活产生负面影响。它不仅会影响我们的工作，还可能导致我们身体不适。当一个人长时间陷入不切实际的担忧中，并将其视为生活的常态，那么他可能患有广泛性焦虑症。

广泛性焦虑症（GAD）是一种常见的心理状况，其主要特征是对日常生活中的各种事件和情况产生无法控制的过度担忧。这种担忧可能会涉及许多方面，如财务、健康和安全等。患者往往会感到不安，担心自己或他人会遭遇不幸，即使事实上并没有什么危险。

比如，有广泛性焦虑的人经常会这样想：

“如果我患癌症了怎么办？”（我应该这样做……）

“如果我被开除了怎么办？”（那我可能这样做……）

这种“杞人忧天”的状态使得患者难以平静下来，可能会影响他们的日常生活和工作。他们可能会因为过度担忧而无法集中精力，甚至可能会出现失眠、食欲不振等症状。这种情况如果持续时间较长，可能会对患者的身心健康产生严重的影响。

小叶，一位25岁的百货商店职员，近一年来一直处于忧虑之中。她时常担心丈夫在上下班途中遭遇不幸，或者父母在50岁前突然离世。这些忧虑让她整日紧张不安，容易受到惊吓，对声音敏感，情绪波动较大。她常常因小事发脾气，事后又感到后悔。此外，她还出现了胸闷、心慌、口干多饮、尿频等症状，夜间睡眠质量不佳。近三个月来，除了上述症状外，小叶还感到恶心、咽部不适伴异物感及胃部不适，腰肩背酸痛等肌肉紧张的问题也时常困扰着她，月经也变得不规律。

为了找到病因，小叶曾在近一年内辗转全国多家知名医院，接受了包括内分泌科、呼吸科、泌尿科、妇科、中医科、神经内科在内的全面检查，结果均未发现任何病变。尽管各科医生认为她“没病”，但这些病症已经严重影响了她的生活和工作，让她倍感苦恼。后来经人提醒，她决定寻求心理医生的帮助。经过专业诊断，她被确诊为患有“广泛性焦虑障碍”。

根据小叶的情况，医生将认知行为疗法作为其治疗首选，经过规范治疗，小叶的焦虑症状已缓解，目前已回归正常生活。

什么是认知行为疗法？

认知行为疗法（CBT）是一种被广泛认可且具有强大实效性的治疗方法。这种方法的核心理念在于，通过协助个体识别并改变其不健康的心理思维和行为模式，从而有效地缓解心理症状，提升心理健康状况。

简而言之，我们可以通过改变自己的思考和行为方式来改善那些消极感受。具体方法如下。

1.接纳情绪

焦虑并非只因你所面临的问题，而是源于多种复杂因素的综合作用。它可能受到遗传、神经生物学等因素的影响，没有一个统一的原因。事实上，许多人都曾经历过这样的情绪状态。

尽管这看似困难，但学会接纳这段经历并将其视为一个以健康方式学习和照顾自己的机会是非常有益的。接纳自己的情绪可以改善心理健康状况。要实现这一目标，首先要识别和理解自己的情绪。这是第一步。

2.保持积极的心态

在面对生活挑战时，我们不应该失去对更美好未来的期待。许多焦虑症患者，如广泛性焦虑症患者，仍然能够过上充实、有成就感和快乐的生活。关键在于了解哪些策略对自己最有效，与他人保持联系，并保持积极的心态。我们可以从诗歌、音乐、大自然和社会关系等方面寻找灵感，因为我的身边充满了激励人心的例子。

3.身体应对策略

除了心理疗愈之外，运动、饮食、睡眠等的配合会让恢复效率提升。

（1）注意饮食

在日常生活中，我们对身体的关注程度会影响到身心健康。虽然食物本身并不会导致焦虑，但它们确实能够影响我们的情绪状态。例如，享用甜品可以带来愉悦的心情、补充能量以及缓解低血糖症状等好处。然而，过量食用甜品不是一个明智的选择。

（2）运动

运动被证明是缓解压力的有效途径之一。通过锻炼，我们可以增强内啡肽的分泌，从而有效减轻紧张和焦虑的情绪。尝试新的运动项目或者参与你热爱的活动，无论选择何种方式，都能有益于身心。保持规律的锻炼时间表，每周进行三到四次甚至更多的锻炼，都能对身心健康产生积极影响。此外，按摩或渐进式肌肉放松也是缓解由焦虑引发的肌肉紧张的有效方法。

（3）充足睡眠

据统计，成年人中仅有三分之一能够获得建议的七到八小时夜间睡眠。尽管在焦虑的情况下入睡变得困难，但确保一个稳定的晚间作息有助于我们放松并为高质量的睡眠做好准备。通过采用渐进式放松、阅读、写日记以及在睡前至少一小时远离电子设备等方法，可以使我们身心更好地进入休息状态。此外，如果你在紧张的思绪和焦虑中挣扎，尝试进行一次“大脑转储”，或者将待办事项和担忧记录在日志中，这也可以作为你睡前准备的一部分，从而帮助缓解这些困扰。

（4）呼吸练习

当我们感到焦虑时，呼吸往往变得急促，伴随着胸闷和肌肉紧张。在这种情况下，我们往往会不自觉地忘记如何正常呼吸，只是匆匆地进行浅短的呼吸。然而，如果能够学会进行缓慢而有节奏的腹式呼吸，将会对我们的情绪有很大的帮助。

腹式呼吸是一种深度放松技巧，它可以帮助我们重新找回内心的平静。当我们进行腹式呼吸时，我们需要将注意力集中在我们的腹部，感受每一次呼吸的起伏。这样，我们就可以逐渐放慢我们的呼吸节奏，从而达到一种放松的状态。

本节重点

焦虑有时会深刻地影响我们的人生轨迹。在《亲爱的伯德太太》这本书中，作者提出了一个非常有启发性的观点：“你不必总是表现出坚强的一面，有时候，给予他人爱你的空间也是很重要的。”这个观点鼓励我们在面对压力和困扰时，不要把自己封闭起来，而是勇敢地敞开自己的心扉，让别人有机会去理解我们，去爱我们。这样的态度不仅能让我们更好地应对生活中的困难，也能让我们的人际关系更加健康和谐。

获得化解焦虑情绪的简单方法

在日常生活中，我们都会有一定程度的焦虑和紧张的时候。适度的焦虑有助于我们调动身体和心理资源，发挥最大潜力，提高应对压力和处理工作问题的能力。实际上，适度的焦虑能够使我们更加专注于当前正在进行的任务，将精力集中在解决问题上，从而提高工作效率。

然而，当焦虑让人感到不适，甚至痛苦时，就可能变成过度焦虑。过度焦虑会导致注意力难以集中，影响记忆力，使人感到疲惫，从而降低工作效率，容易出现错误。短期内过度焦虑可能导致各种躯体症状，如失眠等；长期过度焦虑则可能增加患高血压、冠心病、胃肠道疾病等疾病的风险。

在日常生活中，我们可以采取一些有效方法来缓解焦虑。通过日常的训练，我们的身体和心灵都能得到放松，从而有助于消除焦虑情绪，使自己不再受其困扰。

1.腹式呼吸

腹式呼吸是一种简单而有效的放松方式，特别对于缓解焦虑有显著的效果。这种呼吸方式要求我们在吸气时让腹部鼓起，呼气时让腹部凹入。通过这种方式，我们可以尽可能地将空气吸入身体的最深处，并在完全呼出后让整个身体放松下来。

以下是实施腹式呼吸的具体步骤：首先，将一只手放在胸腔右下的腹部处，然后通过鼻腔缓慢而深地吸气，同时慢慢数到4（1——2——3——4）。在暂停片刻之后，从鼻腔或口腔缓慢呼气，同时再次慢慢数到4（1——2——3——4）。当完全呼出后，让整个身体彻底放松，变得柔软和松弛。重复这个过程10次。如果在这个过程中感到头晕，就停止15～20秒，然后再继续进行。

腹式呼吸不仅可以在焦虑出现时使用，而且可以有规律地进行练习，以帮助我们更好地应对日常的压力和焦虑。总的来说，腹式呼吸是一种非常实用的技巧，可以帮助我们在忙碌和压力的生活中找到平静和放松。

2.渐进式肌肉放松

渐进式肌肉放松是一种需要一定时间和专注的练习，它可以帮助我们更好地理解和控制自己的身体。在进行这个练习时，我们需要找一个安静的环境，空腹，衣服宽松，不戴饰品，不穿鞋子。首先，我们需要深呼吸几次，然后依次拉伸肌肉群，坚持7～10秒，再一下子放松。

例如，我们可以先放松拳头：先攥紧拳头，保持7～10秒，然后放开15～20秒。这个过程可以帮助我们更好地理解和控制我们的肌肉群。我们需要放松的肌肉群有：拳头，前臂，大臂，肩膀，前额，眼周，颚部，颈部，胸部，骨盆，腹部，背部，臀部，大腿，小腿，脚趾，等等。

做完这个练习后，我们需要感受一下身体哪里还比较紧绷，相应部位再做一次练习。这样可以帮助我们更好地理解和控制我们的肌肉群。一次完整的渐进式肌肉放松可能要花半个小时，但是熟悉后会在20分钟左右完成。定期练习可以帮助我们缓解焦虑。

3.冥想

冥想，或者说正念冥想，已经被广泛证实是一种有效的缓解焦虑和减轻压力的方法。冥想的资料丰富多样，形式各异，还有各种指导课程可供选择。

最基本的冥想练习包括以下步骤：

保持身体挺直，让自己专注于当前时刻，全身心地体验现在；

采用腹式呼吸法，慢慢地呼吸10分钟，将注意力集中在呼气和吸气上；当任何想法出现时，静静地观察它们，保持觉知并感受它们；如果容易分心，可以数呼吸次数来帮助集中注意力。

这种冥想方法可以帮助我们放松身心，提高专注力，并让我们更好地理解和接受自己的思绪和情绪。通过定期进行冥想练习，我们可以逐渐培养出更好的自我觉察能力，从而在面对压力和挑战时更加从容应对。因此，我建议大家尝试一下这种简单而有效的冥想方法，看看它是否能对你的生活产生积极的影响。

4.制订计划

焦虑的根源在于生活的无序、漫不经心和结构性的缺失。焦虑往往源于对潜在危险的担忧，而这种不确定性往往在生活混乱无序的时候表现得尤为明显。经验告诉我们，当生活中缺乏控制感时，潜在的危险可能会更大。因此，我们需要制订计划并随时准备调整，以增强我们对生活的掌控感。

5.自我交谈

个人的观点和想法对于我们的神经系统的影响可能比事实本身更为重要。过度思考可能会导致更多的焦虑。然而，如果我们能够积极地看待问题，并将注意力集中在解决方案上，这将有助于减轻焦虑感。在心理学中，尤其是认知取向的心理学流派强调与自己对话的重要性。当我们处于焦虑状态时，通过与自己交流，可以帮助我们更好地理解自己的情绪，并找到解决问题的方法。

大声说出你的积极想法是实现这一目标的有效方法。当你用自信、坚定的声音表达自己的观点时，你的内心会变得更加坚定和稳定。

6.饮食健康

保持健康的饮食习惯对于控制焦虑情绪至关重要。如果我们的饮食不规律，可能会导致身体功能失衡，从而进一步加剧焦虑情绪。因此，调整我们的饮食习惯并培养良好的进食方式，无疑是降低我们焦虑水平的有效途径之一。

例如，我们需要确保每天的饮食时间固定，避免过快或者过饱地进食。此外，为了保证营养均衡，我们的饮食应当丰富多样。这些都是我们在日常生活中可以实践的方法，有助于我们更好地缓解焦虑情绪。

本节重点

无论尝试任何消除焦虑的方法，都应保持对情绪的警觉，焦虑只是对未来可能发生的事情的过度担忧和幻想，它并非现实。对于某些人来说，停止思考的技巧是有效的，就像对加剧焦虑的内在信息说“停”一样简单。换句话说，意识到你的感受是焦虑，并把你这种感受表达出来，在一定程度上能够帮助你冷静下来。特别要记住一点——告诉自己：“无论如何，焦虑的想法并不是现实，我有能力渡过难关。”而表达出你的焦虑感受和想法，有助于你远离它们。这是焦虑，而不是你，它不会永远持续下去。

治愈三法，缓解创伤后应激障碍

俗话说，天有不测风云。在我们的日常生活中，不可避免地会遭遇一些重大事件。有的人亲身经历了或目睹了一些重大事故，如交通事故、亲人离世、自然灾害等突发事件，这些经历让他们感受到恐惧和痛苦。随着时间的推移，他们可能会反复回想起当时的场景，再次接触到与创伤相关的记忆点时，仍然会感受到痛苦，这就是我们所说的创伤后应激障碍。

“我不敢入睡，因为睡着就会梦到地震。”

“那些痛苦的片段不断地出现，我努力忘掉，但它却越来越深刻。”

“有的时候，我会突然感觉自己回到了那个可怕的地方，声音和气味都是那么真实。”

这些感受，来自患有创伤后应激障碍的人。

研究表明，普通人群中创伤事件的经历概率在40%～60%。然而，令人惊讶的是，仅约8%的人会患上创伤后应激障碍。这种心理障碍的形成并非单一因素所致，而是受到基因遗传、过往创伤经历、应对问题的能力、社会支持以及对焦虑的敏感度等多重因素的影响。

对于伤痛的倾诉，我们需要寻求心理咨询师的专业指导。他们洞悉创伤之源，凭借丰富的经验，化解困扰，助力康复。

心理创伤的康复过程需要经历一系列步骤，其中首要环节是在治疗师与患者之间建立稳固的信任关系。只有在受伤者感到有充分的安全保障之后，他们才会愿意踏入治疗室。下面这三个方法，有助于缓解受伤者因创伤后应激障碍而导致的心灵创伤。

1.完全沉浸法

当个体产生心理阴影时，他们通常只能回忆起创伤事件中的几个片段。这些零散的碎片记忆无法消失，反而会让个体形成深刻印象。每当个体想起与这些碎片记忆相关的事情时，就会产生应激反应。因此，最好的方法是采用完全沉浸法，即回忆整个创伤事件的过程，包括整个一天的内容，而且越详细越好。通过完全沉浸法，让个体重新回到那个引起创伤的经历中，从而减少心理上的敏感度。

完全沉浸法的心理基础是暴露法，即将个体暴露在引起心理紧张的场景中，并反复多次暴露其中，直到紧张感消失。这就像你害怕某种虫子，把这只虫子放在你手里，让你反复触摸它，直到你的紧张感消失一样。完全沉浸法最初可能会导致个体更严重的应激反应，但只要坚持下去，就一定会有效果。

2.可控分析法

经历创伤事件后，人们很难从中走出来，主要是因为他们担心类似的事情再次发生。为了帮助人们摆脱心理阴影，我们可以采用可控分析法进行心理疏导。所有的创伤事件都会被经历者视为“不可控”的，但实际上，有些事情在当前的情况下是可以控制的。可控分析法指的是分析事件本身，判断其在当前情况下是否可控。也就是说，这件事在当时可能是失控的状态，但在当前的情况下，你是否能够控制呢？

通过可控分析法，我们可以帮助个体理性地看待创伤事件，并找到应对方法。这种方法可以减轻焦虑和恐惧，帮助个体更好地处理情绪问题。同时，它也有助于改变个体对创伤事件的看法，从而减少心理上的敏感度。

3.情感分责法

经历某些创伤事件后，个体可能会产生愧疚感，认为所有糟糕的结果都是自己造成的。这种情感上的内疚感和负罪感会不断出现，影响个体的心理健康。为了解决这个问题，我们需要采用情感分责法进行疏导。具体方法是具体问题具体分析，充分分析当时问题发生的原因、自己所做的努力，以及自己应该承担多少责任。通过明确事情的责任不在自己或者至少自己并不需要负全部责任，可以减少情感上的负罪感。

减少情感上的负罪感是消除心理阴影的关键步骤之一。通过情感分责法，我们可以明确自己应付多少责任，并分析是否有弥补的可能性。如果还有弥补的可能性，那么在自己的能力范围内尽可能地去弥补受影响的人。如果没有弥补的可能性，那么要接受这一事实，并且坚定地走下去。

本节重点

美国精神医学学会修订的《创伤后应激障碍治疗指南（2017）》指出，相比于药物治疗如氟西汀等抗抑郁药物，更加推荐心理治疗。以往研究证实，正念干预对创伤后应激障碍个体来说是一种行之有效的治疗方法。以静坐冥想、身体扫描、三分钟呼吸空间等代表性技术练习的正念干预，对遭受自然灾害、战争、虐待等创伤事件的个体，以及共病其他精神障碍的PTSD（创伤后应激障碍）个体均有治疗效果。

第二章 做个不完美主义者更幸福

完美主义者只活在别人眼里

有一种“完美主义”是被修正过的完美主义，这种修正完美主义不是进行积极的自我完善，而是一味地追求他人的接纳与认可。这种活在别人眼中的完美主义，不仅影响自我的正确评价，同时也阻碍健康的心理发展，进而诱发诸多心理问题，譬如担心他人对自己的评价偏低而引发的焦虑、自卑等。

有的人将追求完美当作生活的至高标准，似乎追求完美意味自己就能获得完美的人生，这也是一种主观的美好愿望。然而，一旦人们将他人对自己的印象、赞扬等不可控因素作为完美生活的评判标准，就会很容易迷失自我，沉浸于他人的评价之中。

有的人可能在生活中的某个方面属于完美主义者，比如在穿着打扮上；而有的人在生活中的多个方面都属于完美主义者，比如在工作、体重标准、个人仪表、整理打扫、个人卫生、社交礼仪等方面。对于他们而言，必须做到面面俱到，才堪称完美。生活中，完美主义以不同的方式影响着生活的方方面面，为了更直观地解析它，我们举一个例子。

托尼是一个在家庭整洁和待人礼节方面表现出完美主义倾向的人。每当有朋友来家里做客，他都会提前一天开始打扫卫生，力求家中一尘不染。然而，即使如此，他仍然对自己的表现有所不满，总觉得有些细节未能达到心中的完美标准。

有一次，托尼的朋友们约定在他的家中聚会。为了让这次聚会更加完美，托尼用了整整四个小时来清洁家里的油烟机、瓷砖，还精心修剪了阳台上的茉莉花。当所有的准备工作都完成后，托尼突然发现灶台上还有一些顽固的油污没有擦干净。为了尽可能地追求完美，他反复擦拭了多次。由于在厨房打扫的过程中花费了大量的时间，托尼没有足够的时间来准备饮品和食物，这让他感到非常紧张和焦虑。他担心朋友们会因为食物和饮品的不完美而对他产生负面评价。在整个进餐过程中，他一直表示自己招待不周，并对此深感抱歉。

为了在朋友面前展现自己的完美，让原本融洽活跃的聚会气氛变得小心翼翼，托尼更是在整场聚会中，由于焦虑和紧张没能体会到和朋友相聚的快乐，甚至可以说是在等待朋友们随时可能说出来的负面评价。可见，这种经过修正的完美主义是一种不计后果地追求强加给自己的高标准的人格特质，并且仅凭目标的完成情况来评估自身价值。

根据研究表明，过分追求完美主义反而让成功离我们越来越远。实际上，完美主义还是滋生抑郁、焦虑、成瘾和生活麻痹的温床。生活麻痹是指因为过于担心不完美的自我形象暴露于人前而逃避生活中的机会，或是因为害怕失败、犯错、有负所托而停止新的尝试。

完美主义者的特性主要体现在以下三个方面：首先，他们对所有事情都抱有追求完美的理念，这使得他们不断制订新的计划，并坚持不懈地实施。然而，由于无法预测所有可能出现的问题，一旦出现新问题，他们总是期望能找到完美的解决方案，从而过度关注细节和问题。这导致他们陷入一个持续的矛盾状态，使最初的计划变得复杂且难以执行。

其次，完美主义者对自己的要求极高，他们不能接受自己在生活中的任何方面不如他人，因此非常在意他人对自己的评价。为了避免他人的批评，他们会尽力展现自己优秀的一面，表现得近乎完美。这种过度的“表演”使他们经常处于紧张和疲惫的状态。

最后，完美主义者也会对他人提出高要求。他们认为追求完美应该是每个人应具备的品质，因此会对他人提出要求，并且不厌其烦地指导他人。这可能会让对方感到被强行控制而不适。

总的来说，完美主义者对事物的要求标准体现在多个方面。他们的自我评价框架使他们过于关注他人的评价，试图通过自我否定来提升自我完美程度，而忽视了自我肯定的重要性。

尽管追求完美有一定的积极作用，但我们不应陷入完美主义的无尽循环中，也不应追求绝对的理想状态。因为在这个世界上，绝对的完美是不存在的，即使是最完美的人或事物也有其不足之处。瑕不掩瑜，我们应该积极肯定优秀的一面。

本节重点

加州大学心理学教授艾利斯·普罗沃斯特在对完美主义者的研究中发现，完美主义者的重复动作实际上是以一种极端的方式来应对内心对自己价值的怀疑。由于对自己能力的不自信，他们总是对自己的成就感到不安，这使得他们在追求完美的过程中无法停下来，总是想要做得更好。然而，我们需要认识到，完美是一个不切实际的目标。《易经·系辞》中说："天地之大德曰生。"生命本身就是一个不断成长和发展的过程，我们不能期望自己或他人达到完美的程度。相反，我们应该学会接受自己和他人的不足，珍惜当下，努力去提升和完善自己。

不走极端，生活不是非黑即白

完美主义者在评价事物时，往往表现出一种非此即彼的极端思维。他们对事物的看法过于简化和绝对化，将世界划分为黑白两极，例如好与坏、对与错、成功与失败等。这种思维模式对他们的日常生活和工作产生了一定的影响。

“非黑即白”思维的迹象有：

用极端的词汇来描述一切：“总是”和“从不”，“完美”和“失败”，“容易”和“不可能”。

完美主义：你可能认为你必须完美地做好某事，否则你根本不会去尝试它。

看不到一个人的优点或缺点：这会让你坚信某个人只有优点或只有缺点。

消极的自我对话：因为要把每件事都做得完美是非常困难的，所以如果你使用“非黑即白”的思维方式，你可能会认为自己是无用的或失败的。

害怕尝试新事物：如果你能想象到完全成功或彻底失败，你就会尽最大努力避免失败，这意味着你会拒绝去做某些事情，哪怕是领导交代的工作任务。

“非黑即白”思维也被称为“二元思维”，完美主义者往往将工作和学业的结果划分为两个极端：成功或失败。因此，他们在工作中一旦出现任何错误，哪怕是微不足道的失误，也会觉得自己完全失败了。同样地，饮食失调者往往认为自己的身体只有两种状态：完美无瑕和极其丑陋。所以，即使身体上只有一点点瑕疵，他们也会觉得自己的身材非常难看。

荣荣是一名留守儿童，他的父母为了生计，不得不外出打工，将他托付给了年迈的奶奶照顾。在缺乏父母关爱和呵护的环境中，荣荣逐渐形成了内向、缺乏自信和安全感的性格。

当父母意识到孩子的问题后，深感愧疚，担心孩子因为缺乏爱而无法成长和成功。于是，他们决定将荣荣接到身边，试图用更多的关爱来弥补过去的缺失。

回到父母身边，荣荣确实感受到了前所未有的宠爱。为了弥补孩子的遗憾，父母对他百依百顺，这使得荣荣逐渐变得任性、骄横。遇到问题时，他容易发脾气，大吵大闹。

父母对此感到无能为力，他们认为是自己把孩子宠坏了。尽管如此，他们仍然坚信自己的教育方式没有问题。他们总结出的原因并非孩子是否缺爱，而是认为荣荣本身就不是一个有潜力的孩子，注定无法成才。

有人对此表示质疑，认为这是家长教育方式有问题。荣荣的父母对此不屑一顾，坚称他们已经尽力做到最好。这种“非黑即白”的思维方式实际上是一种认知缺陷，因为它忽略了许多有价值的中立观点和解决方案。事实上，在黑与白、对与错之间存在无数种可能性，只有充分认识到这些可能性，才能更好地解决问题。就像荣荣的父母一样，他们的问题在于没有找到恰当的管教方法。

亚里士多德说：“两个极端都是不好的，而适当的时间、适当的对象、适当的关系、适当的目的、适当的方式，则是中庸和至善，为美德之所有。”美国心理学家罗兹·沙夫曼提出，利用行为实验法和连续体法可以有效地帮助完美主义者克服这种思维模式。

1.行为实验法

杰夫是一位水管工，每次完成工作后都会反复检查账单金额，以确保没有出错。即使已经回到公司，他还是会给客户打电话确认。尽管他知道这会让客户感到烦恼，但他无法控制自己的担忧，担心自己会算错金额。杰夫认为，反复核对可以减轻这种担忧。

为了验证杰夫的观点，罗兹·沙夫曼设计了一个实验。让杰夫在周一、周三和周五按照以往的习惯进行多次核对，而在周二、周四和周六只核对一次。每天核对金额后，杰夫需要记录自己的担忧水平。然后在一个小时后，再记录一次担忧水平，看看两者有什么变化。

杰夫按照这个方案进行了一周的实验。他发现，多次核对金额后，他的担忧水平会变得非常高。然而，一个小时后，担忧水平几乎没有什么变化，仍然很高。他甚至有冲动再次给客户打电话重新核对。但是，如果只核对一次，担忧水平反而会降低到中等水平。一个小时后，担忧水平继续下降，他也不再纠结这件事。

通过这个实验，杰夫意识到反复核对并不是必要的。只要核对一次就足够了。因此，他改变了自己的极端行为。

克服极端思维的关键就是去完成大量的行为实验。因此，完美主义者可以分步骤不断地进行练习实验，练习得越多，就越能理解之前自己思维的狭隘单一，就越容易克服极端思维。

2.构建连续体思维

连续体思维认为，在极端状态间还有很多连续变化的中间状态，这些中间状态可能会让完美主义者发现更多的可能性，从而变得更加灵活和自由。

具体来说，完美主义者可以在一张纸上画一条横线，将两端分别标记为“什么都学不好的笨蛋”和“每次考试都优秀的神童”。然后，他们可以尝试去思考这条横线之间的所有可能状态，包括那些介于两者之间的状态。例如，有些学生可能在某些科目上表现优秀，但在其他科目上却不尽如人意；有些学生可能在某些时候表现出色，但在其他时候却会遭遇失败；还有些学生，可能随着时间的推移，过去不擅长的科目现在反而变得能够应对自如。通过这样的思考，完美主义者可以发现自己的观念并不应该非黑即白，而是可以有很多中间地带。

完美主义者可以通过行为实验来强化这种连续体思维。例如，一个人可能会认为房间要么一尘不染，要么凌乱不堪。然而，通过连续体思维的练习，他会发现其实还有许多介于这两种状态之间的中间状态存在。例如，房间虽然不是一尘不染，但仍然可以招待客人。通过亲身体验这些中间状态，他可能会发现朋友并不会过于在意房间的整洁程度，即使有些地方没有打扫干净，他也能顺利地接待朋友。

总之，使用行为实验法和构建连续体思维能够提高思维与行动的灵活度，从而更客观地看待自己。

本节重点

在思考问题时，极端思维的人常常使用诸如“绝对”“每个人”“必定”和“总是”等词语来表达自己的观点。例如：“我绝对是一个无用的人”“分手后肯定没有人会再爱我”“我肯定是个废物”，等等。这样的表述往往过于夸大其词，带有很强的主观色彩，与现实情况可能并不相符。在这种情况下，我们可以尝试询问亲密的朋友或家人，看看他们是否真的对我们持有这样的看法。我们可能会发现，总有一些人能够帮我们打破这种消极的思维定势。

找到正确评价自己的方法

自我评价是指人对自身条件、素质、才能等各方面情况的判断。一个人只有正确地评价自己，才能了解自己是谁，有哪些优势和不足，并在此基础上确立恰当的目标，和世界建立联结，发展亲密关系，发挥自己的潜能，成为理想的自己。

《最伟大的力量》一书的作者马丁·科尔经常这样说：“毫不夸张地说，一个有力的积极的自我形象是成功人生的最合适的准备。”

许多著名的心理学家都赞同这样的观点：过低的自我评价往往是导致社会问题的核心因素。你的心理认知，即对自己的评价，是你个性的核心要素。与其他影响你人生的特定因素相比，它更能起到决定性的作用。那么，为什么自我评价如此重要呢？因为它决定了你对伴侣、职业和朋友的选择；影响了你对自己和他人的态度，你的成长空间、行动和反应；深深地塑造了你与家庭成员和同事的关系。在一个大城市中，我们很容易就能识别出贫民区的乞丐、精神病院里的患者、不可救药的吸毒者、监狱里的在押犯。这些人的自我评价显然很低。然而，在日常生活中遇到的所有人中，要判断谁具有强烈的自信并非易事。最难做到的事情就是审视自己、了解自己对自己的真实感受。

我们现在了解一下完美主义者的自我评价方式都会带来哪些弊端。

1.自尊心受损

过度依赖不切实际的目标来评价自我价值，可能会对自尊心造成损害。如果你设定的期望值越来越高，甚至超过了你的实际能力，那么你的自尊心就可能受到严重的打击。

2.以偏概全

过于偏向于以部分来评价整体，这是一种常见的自我评价误区。如果你在某些方面没有达到预期，可能会导致你忽视自己在其他方面的优秀表现，只关注那些小的失败和失误，从而影响了对自己的全面认识。

3.选择性关注

只关注或主要关注行为表现中的消极面，并对此感到不满。这种偏向性的观察可能会导致你忽视了自己的优点和进步，只看到了自己的不足。

4.过度自我批评

自我批评通常是指对自己的行为和表现进行负面评价，从而产生自我指责和自我贬低的情绪。这种情绪往往会导致我们对自己设定过高或不切实际的标准，从而增强挫败感。

此外，过度的自我批评也可能导致严苛或死板的准则产生。当我们过于强调“必须”“应该”等词语时，就会变得对自己非常苛刻和挑剔，难以接受自己的错误和不足。

小雪，一个即将面临高三挑战的学生，同时也是一个完美主义者。最近，她陷入了三重困境，让她感到无比痛苦。首先，她在钢琴表演中犯了一个错误，这让她开始质疑自己的才能，甚至认为自己无法学会这个技能。其次，她没有收到一位同学生日派对的邀请，她认为是自己不受欢迎，没有人愿意和她交朋友。最后，她放弃了考取中央音乐学院的梦想，因为她觉得自己缺乏优势和能力，不可能实现这个目标。

这三件事一起打击了小雪的自信心，使她变得消极、无助，甚至失去了奋斗的动力。在她的自我认知中，对自己的评价非常低，导致她自卑、脆弱、焦虑和抑郁。自我效能感的缺失更是削弱了她的存在感。

完美主义者在克服低自我评价的道路上，需要理解并接纳一个重要的观念：“我”才是答案。这个观念并非空洞无物，而是包含着深刻的心理学原理。我们每个人都有自己的独特性，每个人的生活经历、思维方式和情绪反应都是独一无二的。因此，我们的自我评价也应该是多元化和个性化的，而不是单一化和刻板化的。

1.我们需要开启自我觉察，发现低自我评价的信息

这并不是一件容易的事情，因为我们的自我评价往往是在潜意识中进行的，我们可能无法意识到这个过程，只是感觉到不舒服。但是，只有当我们像留意身边的朋友一样留意自己的感受时，才能更接近潜意识中的自己。当我们出现不安、愤怒、郁闷等不良状态的时候，我们可以试着向自己提问："我怎么了？"这样的关心很正常，但我们却常常忘记询问自己。

2.我们需要对自我进行认知调整

我们需要明白自身此时的感受和无意识中对自己的看法和评价有关，接下来便要通过改变对自己的看法和评价，来改变自己的感受。这就是自我认知调整的过程。其中的关键就是建立合理信念。当我们出现自我怀疑时，可以试着利用日记仔细记录下那些自我怀疑的内容、出现的时间等。你可以通过日记对自己进行评价，判断自己的标准是主观臆造的还是公正合理的。如果你认为自己是个"不够聪明的人"，那么可以试着反问自己："我一直都是不够聪明的人吗？是不是有时候发现自己还是很能干的呢？"通过反问法，你往往会发现自己的观点是自相矛盾的。此外，在自我评价时，不要将一些你不可控的事情的责任往自己身上揽。

本节重点

有效的自我评价应该基于客观的事实和数据，摒弃主观臆断和想象。在进行自我评估时，我们需要明确自己的目标和理想，深入挖掘自身的优点和不足，然后寻找适当的方式和途径来改进和提升，以便及时调整自己的态度和行为。

在自我评价的过程中，我们可能会出现自我保护和自我陶醉的倾向，虽然这种心态可以理解，却会导致我们无法客观公正地评估自己的真实状况。因此，借鉴他人的意见和建议是至关重要的，这样得到的结果将更加全面、客观且具有说服力。

希望越大，失望越大，适时降低期望值

很多人在追求卓越的过程中，打着完美主义的旗号，却做事拖延，甚至不作为。表面上看是为了做得更好，但实际上这种追求完美的行为给自己和周围的人带来了无形的压力，也可能会对其自身的心理健康产生负面影响。

完美主义者之所以不断追求圆满，原因有两个。首先，他们对自己的认知不足，认为自己能力有缺陷，缺乏自我认同，从而产生自卑情结。这导致他们对自己过于严苛，将每一个错误都放大，成为对自己负面认识的证据。因此，他们总是用更高的标准要求自己，希望有朝一日能成为一个与他人媲美的“能人”。

另一个原因是完美主义者在行动前会有很多顾虑。他们在开始做一件事之前，大脑会对这件事的结果进行预设或想象。当他们觉得这

件事难以完成或者会影响到他人对自己的评价时，就会受到潜意识的影响，对要做的事情产生反感，不愿意去采取行动。因此，完美主义者在开始做事之前，往往会犹豫不决，花费很多时间去观察别人的做法、思考如何才能表现出自己的水平，预测事情的结果。这样的行为会让他们的压力骤增，情绪变得烦躁不安。

小雷，一个15岁的瘦削男孩，尽管他看起来清秀，但由于失眠，他的情绪变得异常暴躁。最近，他在各个方面都承受着巨大的压力，感到深深的焦虑。

小雷曾经是一个各方面都表现出色的孩子。他曾在一所重点初中学习，成绩名列前茅。他原以为自己可以顺利进入市里的重点高中，但因为一个小错误，他失去了进入心仪学校的机会，不得不去了一所并不理想的学校。尽管父母、老师和同学都认为他在中考中的表现还算不错，去的学校也不算差，但小雷却无法接受自己因为一个失误而没有进入心仪的学校的现实，也无法原谅自己。开学的前几个月，他就频繁请假，最终在学校心理老师的劝说下接受了心理咨询。在咨询过程中，小雷的父母表示，这个孩子从小就表现出色，对自己的要求也很高。他在美术方面很有天赋，曾多次获奖。只要他下定决心去做，就能做成任何事，因此他对自己也非常有信心。然而，在这次中考中，由于身体原因，他的表现并不理想。

考试结束后，他一直无法释怀，不断地责怪自己。即使在父母的劝说下接受了现实，进入了现在的学校，但不知是因为心理作用还是无法适应新的环境，进入高中后的几次考试成绩都不如意，这让小雷倍感压力。现在，他甚至几乎不去学校了。

小雷的例子并不是个例，而是追求完美的人陷入困境的典型表现。由此可见，完美主义的心结，不仅会对情绪造成影响，而且还会限制我们的行动，使我们止步不前。解开对自我的束缚，才能活得自在。

现在我们知道完美主义的心结，就要在做事的过程中去识破它，从而更容易把事情做好。

接下来我们将探讨三个策略：

1.分步骤设定目标

当你设定行动目标时，如果脑海中总是想着如何做得“完美”，那么你可能正在陷入完美主义的陷阱。实际上，从“完成”到“完美”需要一个过程。我们需要提醒自己，首先要设定一个相对容易达到的目标，这样才能更容易地迈出第一步。例如，如果你要制作一份季度报表，只需列出销售业绩就足够了；然后再逐步完善，如通过图表分析来进行对比。降低标准可以减轻心理压力，不会因为过高的目标而束缚自己，反而会更积极主动地去行动。这样既能达到目标，也能获得额外的成就感。

2.困难记录复盘

当我们意识到某件事情似乎很难执行时，可能是被行动顾虑的思维误导。完美主义者往往会高估任务的难度，因此对行动产生恐惧。解决这个问题的方法就是亲自动手去做。一旦开始行动，你会发现那些在预设中很困难的问题其实并不难解决。在行动前，可以将预设的困难记录下来，完成后进行复盘。你会看到，很多时候我们都是被错误的预判所误导，而忽视了自己的行动能力。所以，勇敢地迈出第一步，你会发现事情并没有想象中的那么可怕。

3.价值排序

如果过于在意他人的看法，可以通过价值排序来提醒自己。在人际交往中，我们无法得到所有人的赞赏。过分追求他人的认同，会影响我们对自己的价值的认同，这就是所谓的价值排序。比如，有的人认为职业是最重要的价值，那么他们就不会在乎别人说他们因为工作忽视了家庭；有的人希望通过短视频流量变现，他们就不会理会有人认为这不是正规的工作。当你学会不那么重视他人的意见时，你会发现别人的非议其实并不重要。这样就不会过于追求完美，也会放松对自己的苛求，活得更自在。做任何事情，有追求是好的，但过度追求完美，只会对自己造成伤害。保持适度的追求和平常心，不过分追求完美，才能享受生活的美好，感受人生的乐趣。

本节重点

研究发现，我们对事物的期望值与我们的幸福感之间存在一种反比关系。也就是说，如果我们期待得到的更多，那么我们可能会感到更不快乐。伦敦大学的罗布·拉特利奇博士曾经说过："如果我们能降低自己的期望值，我们就可能会变得更加快乐。较低的期望值可以使我们更容易满足，对我们的幸福感有着积极的影响。"幸福是一种主观感受，而我们的期望值在很大程度上影响着这种感受。同时，我们的幸福感也反过来塑造了我们的精神状态和思维模式。因此，理解并管理我们的期望值对于追求持续的幸福感至关重要。

精力很宝贵，小事不较真

尽管“认真”和“较真”这两个词仅一字之差，却反映了两种截然不同的思维方式。对于认真的人来说，他们致力于确保事物的完整性、准确性和合理性，因此他们的工作效率高，进展迅速。相反，较真的人则痴迷于事物的每一个细节，容易被无关紧要的小事情所困扰，这导致完美主义者的效率较低。

完美主义者通常对错误非常敏感，他们过于挑剔，有时甚至会发展成强迫症，比如为了寻找一首歌而四处奔波，或者在半夜因为突然想不起某个电视剧角色的名字而无法入睡。

心理分析认为，一个人过于挑剔可能是因为他缺乏自信，不被人信任或尊重。完美主义者与他人争论和辩论的目的，往往是为了证明自己的观点是正确的。这可能源于他们渴望被认同的心理需求。

在成长过程中，完美主义者可能经历过外在力量的压制，总是被否定、批判，甚至被认为是幼稚或愚蠢的。这种不断的否定可能损害了他们的自尊心。他们内心迫切渴望得到肯定和认同，因此表现为反复强调和辩解，以此来屏蔽外界的负面评价，维护内心的平衡，追求一种心理上的胜利感。

实际上，完美主义者往往是那些无法承受失败和被否定的人。他们曾经深陷在自我否定的挫败感中，不愿再体验被质疑的感觉。他们的较真，虽然在别人眼中可能是令人讨厌的，但实际上只是他们的一种自我保护方式。

每个人都需要被看见和认可。当完美主义者的需求得到满足时，他们的能量状态是积极的；然而，当他们的需求始终得不到满足时，他们可能会以一种扭曲的方式表达自己。过于挑剔和较真就是一种急于得到认可的方式，这是对曾经遭到的否定的强烈反击。

然而，随着年龄的增长，这种过分强烈且无实际意义的反击和抵抗在日常人际关系中不再适用。虽然这种行为曾经是他们的心理保护机制，但在正常的社交环境中，它不再必要地继续存在，反而变成了一种习得性的缺点，需要他们自身去改正。

有一位智者行走在大街上，听到有人在大声骂他，但他并没有回头去理会，因为他知道人生苦短，光阴如金，我们的人生只有短短几十年，何必浪费宝贵的时间去计较一些无关紧要的事情呢？哪怕是影响一生的大事，也不必太过纠结，因为我们的生活重心不仅仅在于此。

当我们在寻找答案的时候，突然发现很多东西其实就在我们身边。只是我们在与自己较真的时候，无法分心去换个角度思考，才会忽略掉这些事物。因此，无论是对待什么事情、什么人，我们都应该学会不过于较真。有些事情根本就无法理解、根本就没有道理可言；有些事情看穿了反而会让人觉得无法接受，带来一系列的烦恼；有时候更让人出乎意料的是“有心栽花花不发，无心插柳柳成荫”。我们需要做生活的智者，知道该做什么和不该做什么，知道什么事情应该认真对待，什么事情可以不屑一顾。

2006年的情人节，美国有一对老夫妇被CNN（美国有线电视新闻网）报道，成为全美国的新闻人物。他们创造了一项美国最高纪录——婚姻维持了78年，这在思想观念开放、离婚率不断飙升的美国简直是一件不可思议的事情。这对老夫妇就是丈夫兰迪斯和妻子格温，而让人惊奇的是他们都已经年过百岁，丈夫102岁，妻子101岁。许多人羡慕他们长久的婚姻生活，同时也想听听他们的幸福秘诀。老人回答：“在家里，没有什么值得较真的事，或者说，家人之间没有道理可讲；该闭嘴的时候就闭嘴，瞧，78年就这样过来了。”原来这对老夫妇的幸福秘诀就是如此简单：保持沉默，不要过于较真。无论是家庭生活还是社会交往，都是如此。因此，请记住：事事不必太较真，顺其自然，保持平衡是最好的选择。拥有一个好心情的同时，腾出更多的时间和精力去全力以赴地做好每一件事。这样才能让心情愉快地达到目标，同时我们的心也会变得更宽广，拥有更多的朋友。

本节重点

有时候，我们并非被烦恼所困扰，而是主动选择了烦恼。正如《平凡的世界》中所说：“如果你不给自己烦恼，别人也永远不可能给你烦恼。”事不多忧，方得自在。凡事越钻牛角尖，就越容易情绪失控；越整日胡思乱想，越容易陷入烦躁。如果心中充满了负能量，最终受伤的只会是自己。

自尊心与内在脆弱敏感

自尊是一个人对自我价值和能力的评价，同时也是期望得到他人和社会尊重的一种情感体验。然而，过高或过低的自尊都会带来一些负面影响。自尊在很大程度上是自我认知系统的一部分，它影响我们如何看待自己在各种角色中的表现。

自尊可以分为强自尊和弱自尊。过于强烈的自尊可能会转化为虚荣心，而过于弱小的自尊则可能导致自卑感。这两种极端状态都可能对个人的成长产生不利影响。事实上，我们的自尊水平会受到情绪暗示和环境的影响，从而进行自我调节。

研究发现，完美主义者往往具有较高的自尊水平。他们对完美的追求使他们更加重视成就、优势和能力等因素，甚至将名誉和他人认可视为评价自我的唯一标准。因此，他们会在工作和生活中非常努力，只求超越他人，确保自己不失败。然而，这种过度依赖他人评价的心态可能导致他们对名利的过分追求。

极度自尊的人在生活中表现出了几个显著的特点。

1.对成功的追求非常执着

为了达到成功，他们愿意付出任何代价，甚至牺牲自己的兴趣爱好。这种过度专注于目标的心态使他们的精神世界变得越来越贫乏。他们可能会过度投入工作，忽视与家人、朋友和爱人的关系。

2.心理稳定性很差

对于那些自尊心过强的人来说，他们在面对挑战时更容易失去冷静，变得易怒并充满敌意。这种情绪波动很难控制，他们可能会以攻击性的方式回应挑战，甚至将这种行为升级为报复。

3.对失败恐惧感强烈

当一个人把成功看作唯一的目标时，他就会对失败产生极大的恐惧。这种恐惧会影响他们在成功和失败时的心理健康。如果成功了，他们会感到无比的喜悦；但如果失败了，他们会陷入极度的悲痛之中。

李欣最近离职了，这已经是她第二次在短时间内便辞去工作。她在上一家公司待了三个月，而这一次只待了一个月。两次离职的原因是一样的：她觉得领导和同事对她进行了侮辱。

她本科学历，能力一般，业务不熟练，做同样的工作，总是比别人花的时间更长。有一次，她在厕所无意间听到同事在议论她："新来的实习生做事那么慢，业务也不熟练，不知道怎么进来的。"

听完这些话后，她非常生气，但是又不敢冲出去和人吵架。因此，她的心里充满了不满和愤怒。第二天，她因为工作效率低，耽误了整个团队的工作进度，被领导找去谈话，领导要求她提高工作效率，当天的事情当天完成。

她觉得自己的自尊心受到了伤害，领导践踏了她的自尊心。她的好朋友问她，为什么不向前辈同事请教如何快速完成任务。她摇摇头说："我为什么要低头问别人呢？我可以自学，虽然可能会慢一点儿。"她的好朋友说："当你需要帮助的时候，适当地向别人求助也是增进友情的一种方式。"她愤愤不平地说："我不需要求别人，我也是有自尊的。"

在日常生活中，当我们说某人"自尊心太强"时，实际上是指这个人具有很强的好胜心，对他人的看法非常敏感。这种现象实际上反映了他们内心的脆弱型高自尊特质。脆弱型高自尊的人在内心深处存在着自我怀疑，总是想要给别人留下好印象，尽管他们自己并不完全认同这种看法。最关键的是，这类人会采取各种自我膨胀和自我推销的策略来保护自己的自尊。

相较之下，安全型高自尊的人更倾向于真正地接纳自己，认为自己是有价值的。他们喜欢、重视并接受自己的不完美之处。这两种类型的人在面对自尊问题时，表现出了截然不同的应对方式。脆弱型高自尊者过度关注他人的看法，以求获得他人的认可；而安全型高自尊者则更加自信地展示自己的真实面貌，不会过分在意他人的评价。

如果你是一个完美主义者，应该学会适度地追求成功和名誉，而不是盲目贬低自己的价值。真正的自尊应该是动态平衡的，既要维护良好的自我形象，又要接受并适应自我的现状。只有这样，自尊才能发挥其正面作用，成为推动我们前进的动力。

本节重点

卢梭曾说：自尊心是骄傲灵魂的最大动力。总体而言，自尊水平较高是能够促进人的发展的，我们从小就被教育要自尊自强、自信自立。当然，这种高水平的自尊也不是没有上限，只是相对而言的较强的自尊，自尊心过低或者过强都会影响个体的身心发展，自尊心太弱会变成自卑，自尊心超过一定限度也会变成自负。

第三章 恐惧不在外，安全从内心寻找

恐惧，大脑天然的警报系统

恐惧是我们最本能的情感，它源自人类数千万年的进化过程，是潜藏在我们内心的自我保护意识。这份情感是祖先们留给我们的宝贵遗产，也是我们身体内部的一种天然报警系统。

当我们面临真正的危险时，恐惧调节器会适时启动，而不是在可能的危险或过去的经验中寻找威胁。它会根据我们所处的环境来判断：如果我们身处丛林，距离老虎只有三米远，那么我们自然会感到害怕；但如果老虎被关在笼子里，我们的恐惧就会大大降低。特别是，恐惧的程度与面临的危险成正比，这使我们能够采取适当的行动。例如，面对一条准备咬人的毒蛇，我们应该缓慢后退，而不是急速逃跑。

当然，恐惧警报器也可能出现错误或发出错误的信号——有时候我们会无缘无故地感到害怕。然而，这种情况是偶然发生的，并且是可以控制的。大自然认为尽早察觉危险总比晚发现要好，因此这种误报只是偶尔发生。

在调节恐惧的过程中，当危险过去或者我们意识到当前情况并不那么危险时，正常的恐惧会迅速且轻易地消退。这种恐惧通常与突发或意外事件相关，如巨大的声响或他人悄悄靠近。恐惧的这种快速自我调节的特点为之后的行动提供了便利：一旦恐惧完成了它的警报任务，它就会逐渐消失；反之，如果无法调节，恐惧将变得无用且具有破坏性，类似于身体对过敏原产生哮喘反应。

正常的恐惧可以根据具体情况进行调整，并针对特定危险进行解决。我们可以根据自己的需求和环境来调整恐惧的程度，提高或降低敏感度。可以将大脑比作电脑，当我们在熟悉的环境中慢跑时，不会启动“害怕”的程序；但在陌生的丛林或深夜里行走时，这个程序则会被启动。我们可以对“害怕”这个程序施加相对的控制。

一个很好的例子是登山时的感受。当你在一条陡峭险峻的小路上行走时，旁边是万丈深渊，底部是锋利的岩石，你会感到有些害怕。然而，你知道只要小心行走，专注于脚下，就不会失足掉落。这样，你就可以控制自己的恐惧，同时认识到它是有益的，因为它提醒你不要边走边欣赏美丽的风景。在这段危险的路上，你需要权衡好走路和欣赏风景之间的关系。

当这个警报器的启动功能和调节功能失灵时，就会引发病理性恐惧。这种恐惧并非正常的恐惧情绪，而是一种由大脑边缘系统和大脑新皮层之间的互通失灵所导致的结果。

大脑边缘系统是我们身体中负责处理恐惧情绪的原始本能部分，而大脑新皮层则是经过几千万年进化到现在的负责解码和调节控制情绪的部分。如果这两个部分都能正常工作，那么我们感受到的恐惧就是正常的，能够帮助我们避开危险。

然而，当大脑的边缘系统和大脑新皮层出现问题时，就会出现病变，使得原本应该正常工作的警报器失灵。在这种情况下，大脑新皮层的各种功能会失控，想象力会把危险无限放大，预期能力则会把莫须有的事情变成恐惧的来源。对于患有恐惧症的人来说，他们对恐惧源的理解往往过于偏激，往往会夸大造成恐惧的因素。

以张爱玲为例，我们可以从不同的角度来看待这个问题。尽管“生命是一袭华美的袍，爬满了虱子”这句话出自18岁的张爱玲，但她对虱子的恐惧和厌恶在当时并不罕见。然而，台湾作家水晶揭示了张爱玲晚年搬家频繁、与虱子抗争十年的隐私。这让我们思考：为什么同样的地方别人住就没事，而张爱玲一住就会有虱子？

恐惧症患者产生灾难性联想的可能性非常大。这种现象可能导致逃避行为和痛苦。张爱玲对虱子的恐惧是真实的，但随着时间的推移，这种恐惧已经超出了正常范围，演变成了恐惧症。我们不禁要问：是什么导致张爱玲如此敏感地对待虱子？

从心理学的角度来看，每个人的性格、成长环境和生活经历都不尽相同，这些因素共同塑造了一个人的心理特质。对于张爱玲来说，她可能在童年时期就对虱子等寄生虫产生了强烈的恐惧感，这种恐惧感在她的成长过程中逐渐加深，最终演变成恐惧症。这种心理现象并不是孤立的，许多人在面对某些特定情境时也会表现出类似的恐惧反应。

此外，我们还可以从社会文化的角度来分析这个问题。在中国传统文化中，有一种观念认为“身体发肤受之父母”，因此对身体的每一个部位都非常重视。这种观念可能也在一定程度上影响了张爱玲对虱子的态度。在她看来，虱子的叮咬是一种对自己身体的玷污，因此她会采取各种措施来对抗这种“污名化”。

总之，张爱玲对虱子的恐惧和厌恶可能是多种因素共同作用的结果。这也提醒我们，要关注个体差异，理解每个人的心理特质和成长背景，从而更好地帮助他们克服恐惧，过上更健康的生活。

本节重点

克里斯托夫·安德烈在《面对的勇气》一书中强调了每个人都有能力通过自己的意志来塑造人生。他认为，恐惧并不像我们通常想象的那样可怕，实际上，它只是我们身体的警告系统出现故障时产生的一种失控情绪。他认为，只要我们勇敢地面对恐惧，就能与它进行对话，甚至能够控制它。这样，我们就能够在恐惧中找到保护自己的力量，而不是被恐惧所控制。

勇敢克服社交恐惧

社交恐惧是一种特殊的心理现象，它让人们在公共场合或社交活动中感到极度的紧张和担忧。这种恐惧源于对可能做出令人尴尬行为的过度担忧，以至于患者在任何公开场合讲话时都会感到不安。

尽管大多数人当着大众进行演讲时都会感到紧张和不自在，但随着时间的推移，他们通常能够逐渐适应并克服这种恐惧。然而，对于患有社交恐惧症的人来说，即使是在公众场合说话，他们也会担心被别人注意，害怕自己会在众人面前出丑。社交恐惧症患者往往会出现一系列异常的身体反应，如面红耳赤、心跳加速、出汗、震颤、呕吐甚至眩晕。为了减轻内心的不安，他们可能会设法逃避或远离人群。

小兰是一位年轻漂亮的白领，她经常参加各种聚餐和集会。然而，当聚会中出现许多陌生人时，她会感到非常不自在。她会觉得自己的每一个举动都被别人盯着看，每一个动作都可能让她感到尴尬。她不知道该说些什么话题，心里有话却总是在犹豫是否应该说出来。当别人抛出话题时，她也不知道该如何接下去，脑子里突然一片空白，让她感到压抑，无法呼吸。她甚至开始怀疑自己在聚会中是否被排斥，是否别人都不愿意和她交谈或者不喜欢她。这种焦虑感让她变得更加抗拒社交活动。

尽管她的朋友们多次安慰她说：“你只是太害羞了，多参加一些聚会就会好的。”但这并没有帮助到她。尽管她强迫自己去参加聚会，但每次都会感到非常拘谨，无法融入群体。这种感觉让她更加确认自己在社交方面的无能，这种深深的挫败感让她对社交活动产生了更强烈的抗拒。然而，在小兰自己的朋友圈中，她总能和朋友聊得特别开心，她们你一言我一语地互动着，别人时不时会被她的段子逗得哈哈大笑。

小兰的情况就是典型的社交恐惧症。对于小兰来说，并不是她不能与人正常交流，而是在面对陌生人时，她会突然变得紧张和拘谨，沉默寡言。那么，为什么会出现这样的情况呢？可能是因为她害怕别人对她的评价不好。有社交恐惧的人也很想要交朋友，被他人接纳，但是社交恐惧症会阻碍他们去做他们想做的事情。尽管有社交恐惧症的人想要表现得友好、开放和善良，但是过度的害怕和焦虑却会让他们无法做到这些。

在日常生活中，社交恐惧症主要表现为五种状态。首先是面部潮红恐惧，当面对他人时，可能会因为害羞、尴尬等情绪而脸红。其次是视线恐惧，与人交谈时，不敢直接对视，一旦眼神交汇就会感到不安。再者是表情恐惧，对自己的面部表情感到担忧，担心别人会因为自己的面部表情而感到不适。然后是异性恐惧，即在面对异性时感到极度的压力。最后是口吃恐惧，这是在与他人交谈时出现的发音障碍。

总的来说，社交恐惧症患者通常会承受巨大的心理压力。然而，只有勇敢面对这种恐惧，才能有效地缓解其心理影响。否则，它将会影响你的精神状态和生活质量。

你可以通过以下方法来克服对社交的恐惧：

1.停止负面推测

当你在公共场合感到不舒服时，很可能是因为你在猜测他人对你的看法，而且你的推测大多数都是负面的。例如，当你在讲话时，你看到有人在窃窃私语，你可能会认为他们在批评你或挑剔你，但实际上他们可能只是在讨论你的讲话内容并表达自己的观点。因此，不要让你的错误想象影响你的社交活动。你需要明白，你的想法并不代表他人的想法，所以你无法准确地预测他人的反应。

2.寻找积极反馈

社交恐惧症患者常常回避与他人对视，或者总是扫视他人的脸庞寻找表达负面信息的表情，这会使他们在社交中更加紧张。实际上，社交恐惧症患者可以有意识地寻找那些积极的信号。但是要注意，当别人对你微笑或赞扬时，你需要做出回应，让他们感到舒适，这一点非常重要。

3.注意他人的谈话内容

许多社交恐惧症患者很难跟上正在进行的话题，主要是因为他们的注意力集中在自己和他人的想法上。如果你的脑海中充满了对自己和他人的各种想法和评论，那么理解别人的谈话内容就会变得困难。因此，一个有效的应对策略就是专心听别人说话。

本节重点

社交恐惧症与内向性格有所不同。前者意味着害怕与他人互动，而后者仅仅表示不喜欢或不愿意参与社交活动。心理学家指出，内向性格是正常现象，无须刻意改变。对于内向的人来说，找到适合自己的社交方式就足够了。然而，社交恐惧是一种心理问题，如果不加以干预，可能会逐渐恶化。社交恐惧症患者的内心充满了对社交场合的恐惧和紧张。他们害怕被他人评价、拒绝或者遭遇尴尬场面，这种恐惧感会严重影响他们的日常生活和工作。正如文章所述，如果社交恐惧症得不到及时的治疗和干预，可能会变得越来越严重，甚至导致患者无法正常生活。

真正的勇士，敢于直面内心的恐惧

恐惧是我们生活中的一个普遍现象。无论是黑暗、高处，还是蟑螂，都能让我们感到害怕。通常，我们会将这些具体的、可感知的事物和经历称为恐惧。然而，从更广阔的视角来看，这些所谓的“广义范畴的恐惧”，实际上都属于特定恐惧症的一种表现。

特定恐惧症是指对某些特定事物或情形感到恐惧，如害怕接近某种动物、害怕黑暗、害怕雷电、害怕飞行、害怕幽闭的空间、害怕见血等，他们认为这些事物或情形充满了不安全因素，于是在遇到甚至是听到这些事物或情形时，他们自然而然地就会产生恐惧情绪，并试图回避与其接触，属于恐惧症中较为特殊的一类，在人群中具有一定的普遍性。

根据最新的统计数据，大约60%的成年人在生活中会遭遇某种特定的恐惧。值得注意的是，出现这一现象的女性患者比例略高于男性患者比例。引发这种恐惧的原因多种多样，如电梯、地铁、封闭的屋子、雷电、风暴、虫子、蛇、老鼠等。对于不同的个体来说，这些元素都可能成为特定恐惧的源头。

从这个数据来看，我们可以发现恐惧情绪并非罕见现象，而是人类普遍存在的心理反应。这种恐惧可能源于人类的本能，有助于我们在面对潜在危险时做出迅速的反应，以保护自己和他人的安全。然而，过度的恐惧可能会对个体的生活产生负面影响，限制他们的活动范围和社交互动。

小宋，这位充满艺术气息的大二学生，每天都在专业课程和演出之间忙碌。他歌声动人，外貌英俊，是校园里的风云人物。然而，尽管他拥有如此多的才艺和魅力，却无法克服对食堂的恐惧。

尤其是位于艺术楼附近的第五食堂二楼的小炒摊，那里的价格实惠，菜品种类繁多，是小宋和他的同学们经常光顾的地方。但是，有一天中午，当小宋正准备去那里用餐时，一名他不认识的同学突然在食堂晕倒，失去了意识。幸好，120救护车及时赶到并将其送往医院救治。

从那以后，每当小宋走进五食堂二楼打饭时，都会感到一种莫名的紧张，仿佛随时都可能发生不好的事情。他心跳加速，大汗淋漓，全身颤抖，甚至有时候感觉喘不上气，仿佛下一刻就要面对死亡。

尽管每天想到要去食堂都让他心有余悸，但只要不去五食堂的二楼，小宋的生活又恢复了正常。只是每当同学们提议去五食堂二楼就餐时，他总是感到紧张和恐惧。而一旦真正踏上五食堂的二楼，这种压力就会让他喘不过气来。

特定恐惧症的形成原因

1.社会和环境因素

社会和环境中的情况对特定恐惧症的发生起着一定作用，例如经历应激性生活事件、儿童期虐待等。当受到相应刺激时，我们以往的经历会反映到自己身上，有点像我们在面对害怕的对象时常说的“我对它有阴影”。

有3种可习得的途径能够使我们产生恐惧：

（1）条件反射：在恐惧情境下，许多人会因为童年时期曾经遭受过狗的攻击而对狗产生恐惧。这种恐惧可能源于一次被狗咬伤的经历，使得个体在遇到狗时，那段不愉快的记忆和情感仍然会被唤起，从而导致对狗的恐惧。

（2）替代暴露：在观察他人面对恐惧情境时，我们可以注意到他们所表现出的恐惧行为，或者自己亲身经历创伤事件。例如，目睹某人溺水，或者亲眼看到家人对注射的恐惧和逃避反应。

（3）信息和指令的传递：我们可能会从他人的口头传播或者媒体信息中获得恐惧。例如，有人可能听说在某条没有路灯的路上经常发生抢劫事件，或者通过新闻报道了解到飞机失事的情况。

2.基因遗传

你是否注意到，有时候你的父母可能害怕某些事物，而你也可能对同样的对象产生恐惧，比如狗或蜘蛛。这种情况揭示了特定恐惧症的一种特性，即家族聚集性。与没有特定恐惧症病史的人相比，有病史者的一级亲属（包括父母、子女和兄弟姐妹）患上特定恐惧症的风险要高出20%。此外，一项针对双胞胎的研究也发现，特定恐惧症的遗传率处于中等水平，其中动物恐惧症的遗传率最高，约为45%±0.004。

3.神经生物学因素

在神经影像学研究中，核磁共振技术揭示了恐惧症患者与非患者之间的重要差异。当面对特定刺激时，恐惧症患者的大脑网络存在一些神经通路对刺激的反应过度活跃，特别是杏仁核和脑岛等情绪相关区域。这一发现为我们理解恐惧症的神经生物学机制提供了新的视角。

除这三个主要因素外，还有认知因素和人格因素。我们对一个事物的关注度、认知加工以及我们对它的厌恶或敏感程度也会影响特定恐惧症的发生。

常规治疗方法

系统脱敏疗法的目的是帮助患者面对并克服他们所害怕的情境。首先，需要确定你所害怕的事物的范围和程度。例如，如果你非常害怕老鼠，那么需要设定一个从“在家看到活老鼠”的你最恐惧的情况开始的等级系统。然后，你会学习如何在感到焦虑时保持冷静，而不是逃避或回避。这可以通过深度放松训练来实现。最后，你逐步面对和克服每一个等级的恐惧，直到你的恐惧感显著减轻。这种方法不仅可以帮助你克服恐惧，还可以让你学会如何在面对压力和挑战时保持冷静和自信。

本节重点

当你面对某些事物或情境感到恐惧时，如果不敢正视它们，恐惧感就会在你心中不断滋生、加剧。事实上，你所担忧的可怕之事可能并没有那么恐怖。因此，深入了解你的特定恐惧，明确自己对某些事情的恐惧程度，对于克服这些特定恐惧具有积极意义。从这个观点出发，我们可以认为，勇敢面对恐惧并正视它，是克服恐惧的关键。当我们敢于直面恐惧时，我们会发现它并没有想象的那么可怕。这种勇敢的态度有助于我们逐渐适应和克服恐惧，从而在面对类似情境时变得更加自信。

换一种方式，让抉择不恐惧

在日常生活中，我们总会遇到一些让我们感到困难的选择。比如，面对琳琅满目的菜品，我们往往会犹豫不决，不知道应该点什么餐；在决定出行方式时，我们可能会纠结于骑车还是步行；而在使用购物App时，种类繁多的商品也让我们难以做出决策。这种现象被称为

“选择恐惧症”。

选择恐惧症，又称选择困难症，其主要表现就是在面临选择或者做决定的时候总是犹豫不决，瞻前顾后，很难下定决心，甚至出现逃避心理。这种现象在现代社会中非常普遍，许多人都在不同程度上受到过选择恐惧症的困扰。

选择恐惧症，在心理学上称为布里丹毛驴效应。法国哲学家布里丹养了一只小毛驴，他每天都要买来一些草料喂养它，有一天这位农民多送了一堆草料给布里丹，这下子这头毛驴便患上了选择困难症，同样的草料，数量相同，质量相同，左右徘徊无法选择，犹犹豫豫，最终布里丹的毛驴在无所适从中饿死。

在当今这个物质丰富、信息爆炸的时代，我们面临着比以往更多的选择。然而，这些众多的选择却常常让我们感到困扰和痛苦，甚至无法作出决定。为什么会这样呢？

首先，选择的多样性实际上剥夺了我们的自由。当面对过多的选择时，我们往往会陷入纠结和焦虑之中。心理学实验也证明了这一点。例如，一项研究让两组被试者分别在6种或24～30种巧克力中进行选择。结果显示，当选择较少时，人们更快乐，更满意自己的选择；而当选择较多时，人们反而会感到困扰和挫败。这是因为过多的选择使我们难以取舍，不知道自己最喜欢什么，又该从何选起。

其次，选择恐惧也是焦虑的一种表现。我们往往过于依赖理性思考，而忽视了内心的感受。然而，真正的选择需要我们深入了解自己的内心。如果我们连自己的想法都不清楚，又如何做出正确的选择呢？选择恐惧症并不意味着优柔寡断或犹豫不决，而恰恰是因为我们想得太多，心理负担过重，从而导致焦虑。当人处于焦虑状态时，他们更容易担心一些无关紧要的事情，更容易往负面的方向去设想，因此陷入困境。

布兰科和奥特加虽然同龄，但他们的成长环境却截然不同。布兰科的父亲是一个富商，而奥特加的父亲却是一个摆地摊的。从小，布兰科的父亲就对他说："孩子，长大后你想干什么都行，如果你想当律师，我就让我的私人律师教你当一名好律师；你如果想当医生，我就让我的私人医生教你医术；如果你想当演员，我就将你送到最好的艺术学校学习；如果你想当商人，那么我就教你做生意。"

然而，奥特加的父亲却总是告诉他："孩子，由于爸爸的能力有限，家境不好，给不了你太多的帮助，所以我除了教你摆地摊外，再也教不了你任何东西了。也就是说，你除了跟我去摆地摊，其他就是想也是白想啊！"

两个孩子都牢记自己父亲的话。布兰科首先报考了律师，但很快就发现自己并不适合这个职业。他又转去学习医术和表演，最终还是觉得不适合自己。最后他只得跟父亲学习经商，可是父亲的公司因为遭遇金融危机而破产了。最终，布兰科一事无成。

相比之下，奥特加虽然也跟着父亲摆地摊，但他并没有放弃自己的梦想。他认真对待每一次摆摊的机会，并从中学到了很多东西。几年后，他终于拥有了自己的专卖店。30年后，他拥有了属于自己的服装集团。如今，该集团在全球68个国家和地区拥有3691家品牌店，一跃成为世界第二大成衣零售商。

那么，我们如何应对这种"害怕错过，害怕错选"的困扰呢？

首先，我们可以从处理琐碎事情开始，逐渐形成习惯，减轻心理负担。因为在我们的日常生活中，真正需要我们做出重大决策的事情并不多。对于那些无关紧要的选择，我们可以试着跟随自己的直觉和潜意识来做决定，甚至有时候不假思索也能做出选择。通过这种方式，我们可以逐渐建立起固定的生活习惯和节奏，减少生活中的不确定性，从而节省我们在各种选择中消耗的能量，增加自我控制感。例如，我们可以提前规划好一周的午餐菜单，或者每天固定的时间去运动。

其次，我们需要明确自己的目标和需求，然后根据优先级来进行选择。如果你顾虑的东西太多，而且觉得每个因素都同等重要，那么你就无法做出选择。但是，如果你能明确自己的目标，确定需求的优先级，那么在分析事情的时候，你就可以按照优先级来进行，这样就能更好地区分事情的重要性和紧急性。

最后，如果我们在做了以上两点之后，仍然感到纠结和痛苦，那么可能是因为我们处于高度焦虑的状态。在这种情况下，我们需要做的就是降低自己的焦虑水平。只有我们的内心平静自洽，才能做出让自己满意的选择，而不会让后悔的情绪占据上风。

本节重点

选择，对于每个人来说，都是一种挑战。因为在作出决定的过程中，我们不得不放弃某些可能性，而失去的感觉总是让人难以承受。就像《从优秀到卓越》一书中提到的飞轮开门例子，无论你是顺时针还是逆时针转动飞轮，都能将门打开，但关键在于坚持不懈。如果你不能坚定地沿着一个方向前进，那么成功将永远遥不可及。

战胜密集型恐惧，需要主动面对的勇气

对于一些人来说，看到一组形状不规则的洞，如海绵上的孔隙、蜂巢或一堆密集的小水泡，就会感到不适。这种现象被称为密集恐惧症，主要特点是对密集排列的相对小的事物敏感。据统计，约有15%~17%的人曾有过类似的经历。

密集物恐惧症，也被称为密集型恐惧症、密集物体恐惧症或密集（型）综合征，是一种常见的恐惧症。它的普遍性相当高，患者通常对紧密排列的相对较小的事物非常敏感，例如池塘里的青蛙卵、蜂巢以及密密麻麻的小洞等。

薇薇安在11岁时，经历了她人生中第一次的密集恐惧症发作。那天，放学后她回到家里，一甩书包就躺在了沙发上。她打开电视，调到了她最喜欢的频道，想要看卡通片来放松心情。然而，屏幕上的卡通人物却让她感到极度的恶心和恐惧。画面中的人物下巴上有一道巨大的裂缝，原本应该长胡子的地方现在却被裂缝占据。这种视觉冲击让她无法忍受，她闭上眼睛，紧紧抓住遥控器，试图关闭电视。

此后，每隔三四个月，薇薇安都会经历类似的恐怖症状。有时候是裂缝，有时候是密集的孔洞或点状物，甚至有时候是一些水底的

藤壶群。每次遇到这些令她恶心害怕的画面，她都会全身颤抖，汗流浃背，最后只能躺在地上哭泣。有一次，她在用手机与朋友聊天时，突然看到了一个让她非常恐惧的画面，立刻将手机丢到了房间的另一头。而她周围的人似乎都没有出现类似的反应。这让薇薇安更加困惑，不知道自己到底怎么了。

在20岁出头的时候，她搬到了伦敦生活。她的男朋友在下班后冲回家大喊："薇薇安，我终于知道你到底是怎么了！"

尽管当前网络上对密集恐惧症的讨论已经非常热烈，甚至将其视为一种心理疾病，但实际上，密集物恐惧症并没有得到心理学界的广泛认可。这一点可以从美国月刊杂志《大众科学》的一次采访中看出。在这次采访中，该杂志采访了10位心理学家，然而，令人惊讶的是，没有人听说过密集物恐惧症这个词。

英国肯特大学的心理学者汤姆·库普费尔和埃塞克斯大学的心理学教授威尔金斯的研究揭示了密集恐惧的根源：我们对于寄生虫和相关疾病的恐惧，以及对于剧毒生物的恐惧。

库普费尔教授的研究发现，密集恐惧症可能源于进化过程中人们对寄生虫感染或各类感染疾病的逃避反应。这种恐惧可能源于我们对于身体某些部位出现小疹子、小水泡等的本能反应。此外，我们的视觉系统也可能使我们对于血液和臭味产生恶心感，这同样是对病菌的本能反应。

威尔金斯教授和他的同事科尔进一步分析了剧毒生物的特点，他们发现，这些生物的外表大多都是密集的重复图案，这种图案能够引发密恐症患者的生理反应。科尔教授表示，大部分人都有密集恐惧症的倾向，尽管他们并不会因此感到特别恶心。

然而，密集恐惧症并非无法缓解。研究者指出，当我们了解恐惧对象后，我们的恐惧感会大幅下降。例如，当我们知道瓢虫并没有危险时，我们就不会因为它们的密集排列而感到恐惧。相反，马蜂窝的密集排列却让我们感到害怕。即我们如何通过认知来瓦解事物原本带来恐惧的印象。

在空间布局上，物体的密集程度可以大致分为三种类型：

1.凹陷密集型

这种类型的物体通常具有立体感，并在一个表面上有大量的孔洞。孔洞内可能含有物质，也可能空无一物。观察这类场景时，人们往往会产生一种想要抠开洞口的冲动。这种类型的恐惧感可能会对一些人造成较大的心理压力。

2.平面密集型

这种类型的密集物体所带来的恐惧感相对较小，甚至有些人对此毫无感觉。例如，一张纸上画满了蚂蚁（萨尔瓦多·达利的画作中常见这样的场景）。或者，一张纸上重复出现相同的图案。这种类型的恐惧感对于大多数人来说并不会产生太大的影响。

3.突出密集型

比如，一棵树的树干上爬满了同一种昆虫。这些昆虫可能会互相叠加，形成非常拥挤的画面。另一种情况是密密麻麻的昆虫卵。与前两种类型相比，这种类型的恐惧感可能会更强烈一些。

尽管密集恐惧症并未被视为一种心理疾病，但许多人都因此感到困扰。为了缓解这种情况，我们可以采取以下几种方法。

1.积极面对，不要退缩

密集恐惧症患者看到密集的事物时，要积极面对，不要退缩。要相信自己能够克服这种恐惧，避免形成条件反射的逃跑行为。通过主动面对，逐渐适应密集的场景，有助于缓解恐惧。

2.保持心情平静

当看到密集的事物时，密集恐惧症患者要保持心情平静，可以采取一些放松的方法，如听音乐、跑步或打篮球等。这样可以让自己得到放松，减轻对密集事物的恐惧。

3.想象美好的画面

当看到密集的事物时，密集恐惧症患者也可以在心中想象一幅美丽的画面，或者想象这是自己以前看到过的美丽景色。这样能够让自己暂时忘记眼前的密集事物，减轻对它们的恐惧。

4.系统脱敏法

当密集恐惧症的生理反应较为严重时，可以采用系统脱敏法缓解。通过逐步暴露于恐惧的情境，帮助患者逐渐适应并减轻恐惧。

本节重点

从进化论的角度看，密集恐惧的出现，如一个生物防御机制，促使我们回避可能导致感染、疾病、腐烂或中毒的元素。比如，布满孔洞的景象会让人联想到感染溃烂的皮肤，为了避免自身受到感染，人类发展出了恐惧这种情绪反应。这种反应能在我们看到潜在危险物品的瞬间触发，驱使我们本能地退避，以此保护自己，维持种族的生存和繁衍。

职场“社恐人”如何调节情绪

在近期的一项研究中，中国大学毕业生半年内的离职率高达38%，这个数字使得找工作的过程变成了一个“黑色时段”，而大学生平均在三年内会换两次工作。这一现象引发了我们的思考：刚刚步入社会的年轻人如何才能找到一份适合自己的工作？答案可能并不简单。

新入职的学生们往往像“林妹妹进了荣国府”一样，他们在最初的几个月里小心翼翼、少言寡语，努力工作并不怕辛苦。这是因为他们明白找到一份合适的工作并不容易，因此他们都会尽力扮演好自己的角色，就像一个称职的“小媳妇”。

然而，由于刚入职场，他们的人际交往能力并不强，很多人仍然沿用着学生时代“直来直去”的方式进行交流。这种方式在职场中可能会让他们处处碰壁，甚至受到排挤，从而产生职场恐惧心理。然而，这种现象并没有随着时间的推移而减轻，快节奏的生活和日益增大的工作压力使越来越多的职业人士感到恐惧，这种情绪障碍被称为“上班恐惧症”。其症状多种多样，但共同点是对工作产生恐惧，可能引发头痛、腹部不适、食欲减退以及全身无力等症状。

压力的来源也有很多种。它可能源于分离性焦虑，或者是因为需要适应新的工作环境和生活节奏，也可能是在人际交往中遇到困难，或者在工作或生活中遭遇挫折或受到委屈、羞辱。对于大多数人来说，哪怕只是经过短暂的周末休息，生理和心理也会得到一定程度的放松。然而，当从休息状态回归到工作状态时，人们往往会有一种排斥感，需要一段时间来适应和恢复工作状态。

工作压力的增加，加剧了现代人逃离岗位的想法，这在深层次上反映了他们的焦虑感。从个性角度来看，这种症状的患者往往是性格内向、与社会接触较少、在人际交往方面存在问题的人。他们思考问题的方式也比较复杂，这种思维方式对心理健康产生了影响。如果不及时进行疏导和治疗，将对他们未来的工作表现产生负面影响，甚至可能导致失去许多好的工作机会。

小雯已经在机关工作超过5年，然而近半年来，她突然感到一种对工作的恐惧和压抑。每当她想到上班，这种情绪就会涌上心头，让她感到害怕和不安。自从被提升为办公室副主任，她感觉与同事和领导之间的关系都发生了变化，每天晚上都会梦到自己在努力维持着与同事之间的微妙关系。尽管她每天都会给自己打气，但仍然无法克服对工作环境的恐惧。现在，她一上班就紧张得无法自已，甚至在吃饭和乘坐电梯时都尽量避开同事，因为她不知道该如何与他们交流。

小雯常常问自己：这份工作真的适合我吗？为什么我总是做不好？这些负面的想法让她感到非常压抑和难过，甚至担心自己可能患上了抑郁症。面对这种情况，小雯希望能早日走出困境，在工作岗位上展现出自己的才华和魅力。

工作是我们生活的重要组成部分，保持良好的心态和积极的态度对于我们的日常生活和工作效率至关重要。“上班恐惧症”将严重影响我们的身心健康。那么，我们应该如何应对这种情况呢？

总的来说，无论是刚入职的职场新手还是资深员工，都需要掌握一些有效的应对恐惧的方法。以下是几个关键的方法：

1.立即调整心态并专注于工作

在春节或国庆长假之后，人们往往会从轻松的假期状态转变为忙碌的工作环境，这可能会引发心理疲劳和注意力不集中的问题。因此，新入职者或者刚开始工作的人需要尽快适应这种角色转变，把注意力集中在工作上。

2.保持健康的饮食习惯以缓解疲劳

在刚开始工作的时候，应该多吃一些富含蛋白质的食物，如豆腐、猪肉、牛肉、鱼、蛋等，同时增加新鲜水果、蔬菜、豆制品和含有丰富蛋白质与维生素的动物内脏等食物的摄入。这些食物能够有效缓解身体的疲劳感。此外，保证充足的睡眠也是非常重要的。

3.进行适当的运动来释放压力

当感到恐惧时，人体会分泌过量的肾上腺素。而通过运动，可以消耗掉这些激素。另外，收缩和放松肌肉的运动也可以达到相同的效果。

4.转移注意力

对于有工作恐惧症的人来说，他们往往会过度关注工作压力、人际关系等问题，从而产生恐惧感。转移注意力是一种有效的方法，比如可以通过做一些自己喜欢的事情或者多和同事交流来分散注意力。

5.提升自身能力以增强自信

对于新入职者来说，对工作的恐惧主要源于能力的不足。如果具备足够的能力去完成工作，那么就不会有恐惧感了。建议通过学习新的技能和知识或者寻求他人的帮助来提升自己的工作能力。

6.保持责任感和热情

在工作中，责任感是非常重要的衡量标准。每个人都应该尽力做好自己的工作，而不是仅仅把它看作为了老板或者其他人而做的。只有把工作看作自己的事业，才能真正激发出工作的热情和积极性。

本节重点

当心中充满恐惧、焦虑等负面情绪时，可以通过适合自己的方式及时发泄，例如找朋友诉说、听听音乐、去风景优美的地方等。人的一生中会有很多情绪得不到缓解的时候，这时候要明白，每个人都是无法改变别人的，只有通过改变自己，才有可能改变现状。如果一个人没有力量改变自己，那么他也没有力量去改变别人。如果他使用的不是建设性的方式，而是指责和抱怨，将不利于同事关系的好转。因此，改变自己胜过改变别人。

适龄恐婚男女，要与对方真诚沟通

张爱玲曾说过，最让人担忧的情景是一位才华横溢的女子突然步入了婚姻的殿堂。朱德庸则将恋爱比作两人之间的搏斗，而结婚则像是两家人的混战。从古至今，人们对婚姻的恐惧一直存在。在当今社会高速发展的背景下，恐婚如同流行病一般，影响了许多都市男女。恐婚现象已成为未婚者普遍存在的心理现象，尤其在25至30岁这个年龄段的白领群体中，恐婚现象更为严重。这些人被称为“恐婚族”。

恐婚症，全称为婚姻恐惧症，指的是人们对未来婚姻生活的美好期望与现实可能存在的差距感到恐惧，甚至担心一旦结婚就可能会离婚。社会舆论对婚姻生活的负面报道是引发恐婚症的原因之一。这种社会氛围使尚未步入婚姻的人们感受到一种无形的压力，进而产生对婚姻的恐惧和逃避。

实际上，恐婚并非近年来才出现的词汇。早在1999年的学术期刊上，就有学者对这一社会现象进行了研究。2008年初，中国登记结婚的人数持续减少，初婚年龄明显推迟。当时，恐婚族涵盖了各个年龄段的人，但面临婚姻的年轻人主要是“80后”。他们在接受高等教育的同时，整个“人生”也随之向后推移。由于独生子女较多，再加上家庭的溺爱以及接触社会的时长不足，他们更容易产生恐婚情绪。

随着时间的推移，当代恐婚症的人群主要集中在“90后”这一代人身上。他们恐婚的原因与“80后”相似。那么，现在的“90后”为何会恐婚？

通常，结婚恐惧症有着以下几个显著的心理特点：

1.童年心理创伤

许多人对婚姻产生恐惧，是由于童年时期的心理创伤。通常，这些创伤与家庭环境有关，如父母离异、经常争吵等。这些经历给孩子的心灵带来了伤害，严重时可能导致恐婚。

2.不信任对方

婚姻虽然是对两人感情的一种法律保护，但男女双方同样存在着出轨可能。尤其是在当今的快节奏社会，各种诱惑简直无处不在，真需要有强大的定力来抗拒这些诱惑。但往往也会有抗拒不了而出轨的情况，这也就是为什么婚姻中会出现“三年之痒”“七年之痒”了。婚前恐惧症的男人对女方的忠诚度往往存有疑虑，担心有了孩子之后，情况会更加一发而不可收拾，这其实是对两人爱情不自信的表现。

3.害怕婚姻束缚自由

自由恋爱时期，男女彼此都会留有很多各自的空间，有惊喜，有思念，有平淡，有激情，这是距离带来的美感。男人在骨子里比女人更渴望自由，即使深爱对方，也不情愿被婚姻束缚，不愿改变原有的生活方式，所以产生了对婚姻的恐惧，其实这是对婚姻的一种偏见和误解。

4.对承担婚姻责任的恐惧

在恋爱时期，男人不需要为结婚后的很多事情而烦忧，将心思放在彼此身上，身心上都非常轻松自由。他享受来自两个人的无忧无虑，两个人的浪漫甜蜜，但婚姻往往是极易改变这种轻松状态的枷锁。他开始担心结婚后要为各种琐事烦忧，要为家庭生计而奔波，承担作为老公和爸爸的双重责任，甚至要担负起为两个家庭尽孝的责任。尤其是对于处在事业上升期的男人，会担心婚后的重担压得自己喘不过气来，所以在内心不愿面对现实，幻想回到恋爱时期的状态，这样很容易产生婚前恐惧症。

在现代社会中，我们可以看到，一部分高学历的女性拥有稳定的收入和很强的独立性。她们中的一些人并不认为结婚是必要的，因为她们不依赖婚姻来改变命运。这种现象在各个年龄段都可能出现，但以年轻、受过良好教育和思想前卫的都市女白领为主。

中年群体中也有一部分人存在恐婚的心理。他们的心智已经成熟，但由于过去失败的婚姻经历，他们对婚姻产生了心理障碍。为了避免再次受伤，他们不会轻易地进入婚姻。

那么，如何克服恐婚症呢？

首先，我们需要树立成熟的观念。婚姻不仅是爱情的升华，也是爱情的保鲜剂，而不是爱情的坟墓。我们应该让自己的婚恋观更加成熟，明确婚姻对自己意味着什么，自己是否做好了心理准备，然后再考虑恋爱和结婚。我们需要给两个人足够的时间去思考婚姻，让自己的内心得到成长。

其次，我们需要主动适应变化。结婚是一个心理上的分水岭，既然已经决定结婚，就说明已经建立了良好的亲密关系，对未来可能发生的很多问题也应该有心理准备。我们不应该假设任何事情，而是要尽早适应这种变化。

此外，我们需要正确地看待男女双方的责任和义务。双方的地位应该是平等的，女性需要通过自我成长来经营婚姻，而男性则应该通过经营婚姻来掌控自己的事业和人生。

最后，我们需要做好婚前的磨合。就像一台机器需要磨合期一样，生活在一起的两个人也需要时间来适应彼此。尤其是处在热恋期的男女，他们可能会急于解决问题，希望对方能听从自己的意见，这就可能引发冲突。因此，在热恋期，双方都需要多磨合，找到一个既可以相互理解，又不会相互伤害的平衡点，这样才能更好地应对未来可能遇到的问题。

本节重点

对于那些渴望步入婚姻殿堂，同时又对婚姻感到恐惧的“恐婚族”，他们需要深入探索自己内心深处的疑虑所在。只有在结婚前不断提升自我，充实自己，才能为未来的婚姻生活做充分的准备，从而避免可能遇到的困境。然而，对于那些由于个人成长经历和性格特点所导致的“恐婚族”（如在不和谐的家庭环境中成长的人），他们需要努力克服与人际交往相关的障碍，学习如何去爱，以及如何与伴侣建立深厚的情感联系。

第四章 获得钝感力，减少毫无意义的内耗

优化信息流，你无须了解这么多

自从人类开始使用智能设备以来，我们的生活方式发生了翻天覆地的变化。每天早晨醒来，我们做的第一件事就是打开手机或电脑，浏览大量的未读信息。这些信息像待办事项清单一样在我们的大脑中浮现，给我们带来了无尽的可能性和机会。然而，当我们点开查看时，却意外地引爆了一颗定时炸弹，打乱了我们的生活节奏。

我们身处信息爆炸的时代，传播信息的手段变得越来越轻便简易。从阅读纸质书籍和报纸，演变到观看直播、刷微博、浏览短视频，信息的复制和传播成本几乎为零。虽然我们享受到了从中获取信息的便利和满足感，却也因为信息过载而感到焦虑不安。

那么，什么是信息过载呢?

信息过载指的是当我们面对大量信息时，我们的理解和判断失衡。我们努力处理大量信息时，由于无法有效地筛选和整合这些信息，我们的理解和判断会出现偏差。简单来说，当我们在网络上搜索数小时后，可能会发现我们的大脑中积累了太多的信息，导致我们难以进行清晰的思考。

为了更准确地理解信息过载问题，我们需要纠正一个错误：认为信息过载是电脑和网络发展的产物。实际上，信息过载的问题可以追溯到19世纪印刷术革新时期。德国社会学家齐美尔曾指出，信息过载问题在20世纪50年代真正成为一个严重的问题，伴随着科技文献的快速增长和出版物数量的增加。

清晨，李兰从梦中醒来，手机的提示音响了起来，一条关于某位明星出轨的新闻瞬间充斥了她的视线。她感到震惊，开始浏览相关信息：这位明星的出生年份、艺术生涯以及出轨对象的私生活。突然，她想起今天是周一，单位每周一都会开晨会。她匆忙地洗漱完毕，迅速穿上衣服赶往公交车站。幸运的是，她没有迟到。

刚坐下，手机又收到了一条消息，是一则关于银行降息的消息。她打开了这则消息，仔细阅读了一遍。接着，她不经意间打开了银行应用，查看现在的房贷利息是多少，思考是否有可能提前还款。然而，在还没有确定自己的存款余额之前，手机微信的聊天窗口又弹出了新的消息。这是大学同学群里的一条消息，几个老同学计划周六去郊游，正在讨论攻略，询问她是否感兴趣。这时，她开始考虑周六去哪里游玩比较合适，把附近的景区都浏览了一遍。

正当她在微信群里与同学们热烈讨论周末的活动安排时，朋友圈的一则动态吸引了她的注意。发布这条动态的是李兰的好友，她宣布订婚了。没过多久，她给李兰发送了婚礼邀请。李兰想："我必须参加，而且要打扮得漂漂亮亮的。"于是，她立刻点击了购物网站的链接，开始挑选各式物品，包括衣服、化妆品和包等。李兰就这样浏览了一天的手机信息，而手头的工作只能加班完成，这让她感到非常焦虑且烦躁。

许多人认为，过多的信息就像淘金者在筛选泥沙中的黄金一样，大脑接收和处理的信息越多，就能发现更多的知识宝藏。他们相信，获取更多的信息是有利的，而且玩手机也能带来愉悦的感觉。然而，事实并非如此。

据托莱多大学营销学教授伊琳娜·彭蒂娜介绍，当接收到的信息量超过一定数量时，大脑对信息进行分类和理解的能力就会受到影响。她指出，当我们获取的信息数量超过了最优值时，信息的有用性会降低，人类处理信息的能力也会下降。因此，大脑更像是流水线工人，而不是淘金者。如果信息传送带运转得太快，大脑的运行速度将无法跟上。

尽管信息过载在当今社会已经司空见惯，但它确实存在危害。一些神经学家认为，其中的一些后果可能与大脑的情绪中心有关。工作记忆这个词听起来简单，但实际上它涉及一个复杂的大脑网络系统。

这个网络不仅负责保存和处理新信息，还与推理、理解和学习等重要认知任务密切相关。

根据耶鲁大学研究人员2010年进行的一项大脑扫描研究，工作记忆与杏仁核之间存在一定的相互作用关系。杏仁核是大脑中情绪反应最为敏感的区域之一。研究发现，当工作记忆负荷过大时，杏仁核的活跃度会提高。这表明，压力越大，心理负担越重。当工作记忆负担过重时，大脑抑制消极想法和自我评价的能力会减弱，从而导致人们更容易产生消极情绪和低自尊。

部分研究已经表明，信息过载可能会削弱我们的大脑在权衡和理解重要信息时的合理性。虽然这些观点仍需进一步地研究确认，但它们都指向了一个共同的方向：信息过载与近年来人们压力增大、疲劳感增强以及心理问题增多的现象有关。

一些专家已经将与互联网相关的信息过载定义为一种现象，即快速且大量的信息输入和处理给大脑带来的负担。这种情况可能会导致一系列的问题，包括疲劳、睡眠障碍、头痛、工作效率降低，甚至可能导致神经或认知方面的疾病。

在信息爆炸的时代，我们如何避免陷入信息的海洋中无法自拔？无论是选择停止接收信息，还是因为害怕错过重要消息而不断浏览，都可能带来不良后果。如果我们选择回避信息，可能会错过重要消息；如果我们选择压抑痛苦继续刷屏，可能会导致心理健康状况下滑。因此，关键在于我们需要学会如何处理信息过载的问题。

将管理接收信息的过程比作每天的进食过程，有助于我们更好地理解这个问题。就像我们需要每天吃饭来保持健康和精力一样，我们也需要信息来获取知识，但我们并不需要不断地接收信息。我们需要的是一种平衡，就像我们每天都会定时定量地吃饭，甚至会选择营养丰富、美味的食品，管理信息的道理也是一样的。

下面三个建议，可以帮助我们在信息的海洋中保持清晰的思维和健康的心灵。

1.建立时间管理的概念

这意味着我们需要定时定量地接收信息，而不是随时随地、随意超量地接收。我们可以在精神饱满的时候，或者精力旺盛的时候进行信息的接收。这样一方面我们会有更多的精力去处理信息，另一方面，情绪稳定的时候我们也更能抵抗外界的影响。此外，由于社交媒体的设计往往会鼓励用户持续浏览信息，我们需要自我监测。我们可以设置闹钟、制定时间表，尽量按照计划进行信息阅读。同时，我们在阅读时也需要学会评估自己与这些信息的关系，看看心理状态是否被影响了。根据手机上的阅读时间和对自身情绪的评估，我们可以调节每天的信息浏览时间，从而保持健康的媒体使用习惯和心理健康。

2.控制信息来源的范围

社交媒体中的信息来源非常丰富，但我们需要学会筛选和鉴别。我们应该控制信息的来源，区分哪些信息来自官方权威，哪些来自民间科研达人，哪些来自普通的自媒体信息创作者。只有通过信息的甄别，我们才能确保大脑中的信息是健康有益的，而不是让信息过载到无法处理的地步。这需要我们具备一定的信息素养，能够辨别信息的真伪和价值。

3.建立识别信息真伪的能力

研究表明，知识面广、知识水平高的人能更好地识别信息的真伪，从而降低信息过载的可能性。因此，我们需要学习如何鉴别信息，就像增强消化能力一样。这不仅需要我们不断学习新的知识和技能，还需要我们培养批判性思维，不轻易接收任何未经证实的信息。

本节重点

生命虽有限，知识却无边际。若以有限的生命去追求无尽的知识，恐怕难以为继。我们每个人的精力都是有限的，因此，将主要精力集中在核心任务上，才是决定当前阶段成败的关键因素。人的生命价值在于能够思考、体验、创新，而不仅仅是积累信息。深入阅读可以滋养心灵，丰富思想，提升生命的境界。

摒弃多余的内疚，不做“良心过剩”的人

在日常生活中，我们常常会遇到一些挫折或消极的事件。可能包括未能实现目标、搞砸了某些项目或者破坏了人际关系等。面对这些问题，我们可能会开始反思自己的不足之处，寻找自己哪些地方做得不够好。然而，有时候，我们可能会陷入自我怀疑的旋涡，过分责

怪自己，认为“一切都是我的错”“我的能力不足”或者“我拖累了他人”。这种反复自责和自我攻击的行为，不仅对自身的心理健康无益，而且可能导致我们无法有效地完成工作。这已经不是简单的自我反省，更像是过度自责，陷入了“责任全在我”的思维误区。

在电影《海边的曼彻斯特》中，主角李·钱德勒的生活原本很幸福。他拥有一个深爱他的妻子和三个可爱的孩子。然而，一场突如其来的大火却彻底改变了他的生活。由于他的疏忽，房子被烧毁，而他最爱的三个孩子也在火灾中离世。尽管他的妻子幸存下来，但她的心已经无法回到过去，她选择了离婚并改嫁。李去警局自首，希望能为自己的错误付出代价，却得到了无罪释放的消息。这件事在小镇上引起了轩然大波，许多人对他指指点点，让他无法忍受这样的环境，于是他离开了曼彻斯特，前往波士顿寻找新的生活。

在波士顿，李的生活变得很艰难。他住在一个简陋的地下室里，从事着最辛苦的工作。他甚至不允许自己有一丝丝的快乐，因为他始终对失去孩子充满了内疚和自责。这种深深的痛苦让他无法走出阴影，他把自己困在了悔恨里。

那么，导致我们产生过度内疚的原因有哪些呢？

1.自我谴责的源头：反思与解构

许多人在面对自己的行为时，可能会误以为自己做错了事，从而陷入内疚。然而，这可能是我们对问题理解的第一个误区。我们是否过于严苛地批判自己？我们的所作所为真的如此恶劣、无耻或过分吗？或者，我们是否夸大了问题的严重性？如果我们将所谓的过失过度放大，那么我们的痛苦和自责就可能变得毫无意义。

2.标签的力量：避免随意贴标签

当我们犯错误时，我们可能会给自己贴上“坏人”的标签。然而，这种做法产生的效果可能适得其反。我们可能确实做错了事，伤害了他人，但给自己贴上“坏人”或“烂人”的标签只会让我们陷入自责的旋涡，无法有效地解决问题。

3.责任的边界：避免过度承担责任

即使某些事情并非我们的错，我们也可能会将其归咎于自己。例如，当我们给伴侣提出建设性的意见时，他产生了抵触情绪并感到受伤，我们可能会责怪自己为何要惹恼他，甚至认为自己说错了话。然而，实际上是他消极的思维方式导致了他的抵触，而非我们的批评。

4.理想与现实：理性看待“应该”句式

内疚感的最后一个常见来源是我们对“应该”句式的误解。我们之所以使用这种句式，是因为我们认为自己应该是全知全能的完美之神。在完美主义的“应该”句式中，我们总是对自己的期望过高，因为这些期望过于严苛，使我们无法满足它们。例如，我们可能会认为“我应该永远快乐”。然而，这种规则的结果是只要我们感到不快乐，就会认为自己失败了。但任何人都无法永远快乐，这是显而易见且现实的，因此这种规则是不合理的，只是我们在自寻烦恼。

内疚是人类情感的一种常见表现，它反映了我们对道德责任的认识和承担。适度的内疚感可以促使我们采取补偿行动，但如果长期沉浸在内疚之中，我们便无法感受到快乐、幸福，甚至可能精神崩溃。

那么，当我们被内疚感笼罩时，应如何缓解呢？

1.学会优先考虑自己

优先考虑自己，这并不意味着自私，而是在无法改变的事情上不要浪费时间。即使我们认为自己“应该”负责，过度的内疚也无法帮助解决问题。我们需要接受真实的自己，认识到自己的意愿和选择同样重要，别人的问题并不是我们能控制的。

2.接受自己的不完美

我们不能期望所有行为的结果都是理想的，也不能对自己过于苛刻。当我们感到内疚时，可以问自己：我是不是故意这样做的？我是否预见到了这样的后果？如果答案是否定的，那么我们应该承认，没有人能够预见未来，有些结果确实是出乎意料的。同时，每个人都会犯错误，我也不例外。尽管我们看到了自己的不足，但不应该过于纠结于此。

3.需要明确与他人的责任边界

强烈的内疚感往往源于我们过度承担责任，把别人的事情当作自己的事务来处理。虽然我们在家庭、工作等方面都承担着责任，但这并不意味着我们要对所有人或所有事情负责。当别人受到伤害时，我们可以感到伤心、沮丧或遗憾，但需要适可而止。我们能做的是控制和支配自己的情绪，而不是试图控制他人的行为和言论。

4.勇敢地面对内疚

承认自己的错误、直面错误比用内疚来逃避更有意义。我们需要承担起自己应负的责任，处理好可能产生的后果，从错误中吸取经验教训并进行改正、弥补。

本节重点

内疚这一情感体验，确实带有一份复杂性。它既能让我们意识到自身的过失，激发对感情的尊重和珍视，同时也可能使我们陷入消极的情绪泥沼，对我们的心理健康和感情关系产生不良影响。因此，如何正确处理内疚情绪，从中吸取教训并纠正错误，使其成为推动我们成长和发展的动力，从而实现真正的幸福，是我们必须面对和思考的问题。

值得注意的是，内疚并非感情维系的有效途径，而是我们在感情历程中成长的一个环节。在这个过程中，我们需要学会区分内疚与自责，后者可能导致过度的自我批评和负面情绪累积。通过正确认识和处理内疚，我们可以更好地理解自己的需求和期望，从而在感情生活中找到平衡和和谐。

放下面子“包袱”，轻松向前

面子是一种社会心理现象，指的是个体在社会交往中所追求的尊严、地位和声望。在我国传统文化中，面子具有重要的地位，被视为人际关系的润滑剂。面子的形成和维护涉及个体的行为、言语、服饰等多个方面，旨在展示个体的优点和特长，以获得他人的认可和尊重。

对面子的追求在我国古代文学、艺术和日常生活中都有所体现。例如，古代文人墨客在诗词歌赋中展示自己的才华，以赢得名誉和地位；而在戏曲表演中，演员通过精湛的技艺和形象塑造，展现出角色的高贵气质，以满足观众对美的追求。

在现代社会，面子依然是我国人人关心的重要话题。随着经济的发展和社会的进步，人们对面子的追求也变得更加多样化。在职场中，人们通过努力工作提升自己的能力和素质，以获得更好的职位和待遇；在家庭生活中，人们通过关爱家人、尽职尽责，以赢得亲友的尊重和信任。

然而，太要面子，把自己看得过重，高估了别人对自己的在意程度，不过是自己给自己强加的一个“心理包袱”。

比如在《项链》这部作品中，莫泊桑以其独特的视角揭示了一个由虚荣心引发的悲剧。故事的主角马蒂尔德，一个生活在普通人世界里的女人，却对贵族的奢侈生活充满了向往。为了满足自己的虚荣心，她从朋友那里借来了一串钻石项链，期待在一次盛大的晚会上展现出自己的光彩。

当宴会结束，马蒂尔德却发现她借来的钻石项链不见了。为了偿还这笔债务，她不得不过上了十年的清苦生活。最后，她无意间得知那串丢失的项链其实只是一条价值不高的假的钻石项链，而她赔偿的却是一条真的钻石项链。这样，马蒂尔德为了一时的虚荣，白白辛苦了十年。

这个故事让我们看到，面子有时候看起来很高贵，实际上却可能带来巨大的困扰。尽管《项链》的故事发生在一百多年前，但在我们现代社会中，那些过于追求面子、过度虚荣的人依然随处可见。

作家毛姆曾说过这样一句话："你要克服的是你的虚荣心，是你的炫耀欲。你要对付的是你时刻想要冲出来、想要出风头的小聪明。"

许多人都深陷于一个误解：他们认为一个人的社会地位和他人评价，取决于他的外在形象，而非他内在的品质。然而，这种看法是错误的。面子，这个看似虚无缥缈的东西，有人用它来填补内心的空洞，却淡化了追求事业的热情，从而耽误了自己的进步。无论何时何地，这种做法都是得不偿失的。

1.认清现实，放下面子

想要赢得尊重和认可，首先要学会放下面子，勇敢面对现实。正如一句俗语所说："成年人的世界，没有容易二字。"

以深圳的一个名叫张福的产品经理为例，他在被裁员后一直找不到工作，只好靠送外卖来维持生活。当有人问他是否会觉得尴尬时，他坦然回答："我现在连吃饭都成了问题，哪里还有时间去考虑这些呢？"他能在失业后迅速认清困境，而不是为了保全面子硬撑，这实际上也是一种"体面"。为了生存，为了家人的幸福生活，有时候我们需要放下面子去谋生。这并不丢人，反而是成熟的表现。

2.无谓的面子，舍弃也罢

在酒桌上，如果不喝酒就被认为是“不给面子”。然而，因为劝酒而导致的酒精中毒甚至死亡的新闻屡见不鲜。为了所谓的面子，竟然不惜牺牲自己的健康甚至生命，这实在是愚蠢至极。任何需要以牺牲自己或家人为代价的面子，我们都必须舍弃。

3.充实自己，补充内在

我们应该把面子踩在脚下，去提高我们的修养。为了提升自己的素质，丰富自己的知识和经验，实现自己的梦想，我们应该把面子看作无关紧要的事情，不应该让它成为我们前进道路上的障碍。在这个广阔的世界里，我们并不需要过于关注他人的看法。

本节重点

南京大学社会学教授翟学伟在《人情、面子与权力的再生产》一书中将面子定义为：在某一社会圈人的心目中所产生的序列地位，也叫作心理地位。从心理学角度看，面子更像是将他人的眼光、社会价值作为判断自己行为的唯一准则，而忽略了自己内在的真实感受。

这也意味着，追求所谓的面子通常要付出一定的代价，有时候也会让身边的人苦不堪言。

切勿揣测猜忌，树立太多“假想敌”

在现实生活中，我们常常会遇到一些人，他们在内心深处为自己树立了一个“假想敌”。这个“假想敌”并非现实中的真实存在，而是一个完全由他们自己想象出来的对手。这个对手可能是他们的朋友、情敌、同事，甚至是亲人。他们在心理上与这个“假想敌”进行着激烈的斗争，甚至在潜意识里将这种“斗争”的心态带入现实生活中，从而影响了自己的生活环境。

实际上，这个“假想敌”就像是一种心魔，让他们觉得生活中的人都存在着“对手”的立场。这种心态会引发一系列的压力、受害心理等负面影响，这些负面影响将会直接影响到他们的现实生活，包括生活方式、生活习惯和生活稳定等方面。

陈女士的生活节奏紧张得让人难以承受，身边的朋友们都为她的疲惫感到担忧。在工作上，她展现出了卓越的能力，就像一位勇敢的女战士一样勇往直前。然而，她总是时刻提防着年轻的同事，担心他们会取得比自己更出色的成绩，成为自己的竞争对手。在公司里，她总是在猜测谁可能是潜伏在她周围的卧底。即使回到家中，她也难以放松，总是像一名侦探般密切关注着自己颇具魅力且才华横溢的丈夫，担忧某天情敌会找上门来。陈女士的朋友们认为她过于忧虑，被虚构出来的对手折磨得日夜不安。

现实生活中有许多像陈女士这样的人。他们在职场竞争中如履薄冰，时刻警惕着身边的竞争对手；他们在人际关系中过于敏感，总觉得他人对自己心怀不满；他们在感情世界里缺乏自信，总是担忧另一半会背叛自己，或者有第三者插足。

在职场上，每个人都有过这样的经历：通过努力奋斗，取得了一定成绩。然而，要想继续上升却变得越来越困难，这使得我们产生了巨大的焦虑感。一方面，我们渴望突破自己，迎接事业的新高峰；另一方面，我们又担心别人会超越自己。于是，我们不自觉地开始关注他人，暗自与他人进行比较。有时，这些“假想敌”能激发我们的斗志，让我们挑战自己的极限，战胜重复工作带来的倦怠感；然而，这种比较也可能会让我们失去斗志，觉得自己一无是处。甚至对方的一举一动，都能牵动我们的情绪。我们悲伤地发现，自己已经被套牢了，心理控制权被那些虚幻的对手掌握。

在人际关系中也是如此。虽然“假想敌”并不存在，但我们的内心一直在交战，除了消耗大量的心理资源，让自己疲惫不堪外，并没有收获更多的安全感，生活反而变得一团糟。这种消极思维背后，隐藏着巨大的不安全感。这种焦虑和压力从内心散发出来，让当事人对外界环境充满了负性的评价，形成否定和逃避的应对方式。

实际上，“假想敌”都是我们内心虚构出来的，是我们对未来的担忧被放大的结果，是我们内心世界的投射。因为害怕竞争失败，我们将未来可能的失败归咎于“假想敌”的强大；因为害怕人际关系不佳，我们首先将“假想敌”视为来者不善；因为害怕自己无法维持一段亲密关系，我们将虚幻的第三者视为洪水猛兽。

在人生的征途中，我们总会遇到各种各样的对手。有些人选择与他们进行公平的竞争，以此来提升自我；然而，也有些人会设定“假想敌”，以激发自己的战斗意志。但是，那些总是心怀“假想敌”的人，他们在性格上似乎存在一些瑕疵：过于争强好胜，渴望在所有领域超越他人。由于缺乏团队协作精神，他们在应对职场压力和竞争焦虑时表现得并不出色。他们总是觉得别人会排挤自己，会打败自己。

另一方面，有些人则缺乏自信，对人际关系持悲观态度。他们总觉得对方不会像自己一样忠诚于一段感情关系。他们质疑对方，试图证明自己脑海中的恶念是事情发展的必然结果。还有些人宁愿宣称自己有“道德洁癖”，也不肯相信问题的根源在于自卑和恐惧，在于自己没有足够的魅力去赢得对方的善意和忠诚。

对于那些总是陷入设定“假想敌”心理状态的人，如何才能解除这种心理障碍呢？以下是一些建议：

1.我们需要理解“假想敌”的双面性

选择一个合适的“假想敌”，可能真的能帮助我们提升自我。在职场上，“假想敌”可以激励我们更加努力工作，不断提升自己；在人际关系中，它让我们对他人保持敬畏，设定合理的人际边界；在亲密关系中，它让我们意识到感情需要不断维护和更新。然而，如果某个“假想敌”只给我们带来束缚和控制感，没有促使我们在某一方面发展或进步，反而让我们陷入消极情绪，那么这个“假想敌”可能已经变成了我们自我囚禁的工具。

2.摒弃受害者心态

喜欢设定“假想敌”的人，往往有受害者心态。他们认为外部环境险恶，人心阴暗，而自己却必须承受这种糟糕世界的恶意。这种不自觉的受害者心态，让他们无法看到自己的责任和过失。设定“假想敌”的人不会用科学的态度来判断自己的想法，反而以自我保护为名维持自己的偏见和偏信。要打破这种自怨自艾的思维模式，就需要正视自己的想法是否符合实际。只有敢于用事实检验想法，答案才会清晰明了。

3.完善自我，找到真正的敌人

真正的敌人其实是我们内心的不安全感。要真正消除这种不安全感，我们需要从内心出发。人们通常很难面对自己内心的阴暗面，这种状态的形成往往与早期生活中的不愉快和痛苦经历有关。而“假想敌”正好具有我们所没有的优点，以至于我们无法欣赏他，反而产生嫉妒，希望通过竞争将其打败。要想与“假想敌”和解，我们需要调整自己的心态，通过提升知识、才学、人格和人际关系等方面的能力，来协调与外部环境的关系，建立更为友好的人际关系，从而真正走出四处树敌、四面楚歌的心理困境。

本节重点

每个人都有自己的起点，有人可能比我们更优秀，我们需要承认这个事实。我们可以把他们当作榜样，激励自己去学习他们的长处，弥补我们的短处。但是，我们不应该试图成为别人，而是应该努力成为更好的自己。想要摆脱“假想敌”的困扰，让自己过得轻松一些，就要学会不去“瞎想”，专注于做好自己手头的事情。这样，我们就可以在不断的努力中，找到自己的价值和意义。

过度在乎别人的想法，丢失了自我

在公司里，当你发现同事们窃窃私语时，你可能会觉得他们在议论你。而当你穿上一件自己非常喜欢的新衣服，却被别人评价为不好看，这可能会让你一整天都感到不舒服，甚至想赶紧脱下这件衣服。还有一种情况是，当你有了一个想法，你的第一反应可能并不是思考如何实现它，而是担心如果事情没有成功，别人会如何看待你。

那么，过于在乎他人的想法都有哪些危害呢?

1.过度依赖他人意见可能导致自信心丧失

我们都听过“三人成虎”的故事，即一句话在人群中流传，尽管这句话的真实性值得怀疑，但由于广泛的传播，最终被大家误认为是真实的。因此，当你在执行某项任务时，如果过于依赖他人的观点或看法，可能会导致你对自己的能力失去信心，从而导致事情失败，无法达到预期的效果。

2.缺乏独立判断可能导致决策失误

我们应该都学过《画杨桃》这篇课文。每个人都坐在自己的位置上画杨桃，因为每个人的位置不同，所以画出来的杨桃都是不同的。如果把杨桃看作一项任务的话，那么每个人画出来的杨桃就代表了他们对这项任务的不同理解。正是因为每个人的角度不同，才会有不同的解读。

3.过度顾及他人可能使自我迷失

在这个充满人情味的世界里，我们都会在一定程度上考虑到他人的感受。因此，有时我们会觉得某些事情不应该做，或者有些事情我们可以选择拒绝，但由于面子的压力，我们被迫接受了。虽然偶尔这样做还可以接受，但是如果长期这样下去，你可能会开始怀疑自己。

温迪，一位近期加入杂志社的编辑，对于这份工作充满了热情。在大学时期，她就对编辑工作产生了浓厚的兴趣，并参与校刊的编辑，拥有一定的工作经验。毕业后，她如愿以偿地进入了杂志社，这让她感到无比兴奋。尽管她是办公室里最晚入职的新人，但她的工作态度却非常积极。每天一到办公室，她就开始忙碌起来，烧开水、打扫整理等琐事，她做得乐此不疲。

然而，温迪的努力并没有得到所有人的理解和认可。一些不友好的言论开始传入她的耳朵，让她备感委屈。她是出于对工作的热爱和责任感，才会主动承担这些额外的工作。然而，她从未想过，自己的善意竟然会被人误解为心机重。

有一次例会后，主编要求大家就某一系列文章报上自己的主题。温迪第一个将主题报了上去，还额外准备了两个备选。主编对温迪的创新思维和高效执行力赞不绝口，对她的印象大为改观。然而，好景不长，很快有人开始对温迪进行指责，认为她积极表现只是为了取悦主编，甚至质疑她的动机。这些言论让温迪备感痛心，她只是出于对工作的热爱和敬业精神，才会如此努力。

尽管有些同事过来安慰温迪，劝她不要太在意别人的评价，但她仍然无法摆脱心中的困扰。每当主编给她安排任务时，她都会担心遭到他人的非议，因此在完成任务后也不敢立即汇报。这让主编开始怀疑温迪的工作热情，认为她只是三分钟热度的人。从此以后，主编对她的重视程度也有所下降。

我们常常担心他人对我们的行为和成就的看法，这种恐惧可能成为我们生活中的一大困扰。如叔本华所言："每当我们开始做一件事时，我们的第一反应往往是考虑他人会如何评价。这种对结果的焦虑使我们的生活充满了烦恼。"这揭示了社会评价对我们行为的重要影响。

我们往往过于关注他人对我们的评价，害怕被认为不合群、失败或不理智。这种焦虑常常导致我们追求表面的虚荣，而忽视了内心真正的需求和价值。我们之所以在意他人如何看待自己，是因为我们渴望被接纳和认可。然而，过度依赖外界的评价会限制我们的行动和决策，让我们迷失在自我认知的迷雾中。只有当我们放下对他人评价的过分关注，真正倾听内心的声音，才能找到内心的满足和自由。

关键不在于他人如何看待我们，而在于我们如何看待自己。我们常常通过他人的评价来定义自己的价值和地位，却忽视了真实的自我存在。然而，只有当我们能够建立自我认同，认识并接受自己的独特性和价值，我们才能实现内心的宁静和自由。

自我认同是一种内在的力量，它使我们能够摆脱对他人评价的束缚。当我们意识到自己是独一无二且珍贵的存在时，我们就能从容面对他人的观点和评价。只有建立自我认同，我们才能真正获得内心的安宁和自由，追求与我们的内心相契合的生活。

相反，当我们专注于内在的价值和追求真正与我们的内心相符的生活时，我们可以实现内心的平静和满足。追求内在的价值和平静是对自我认知的一种尊重。当我们将注意力从外界的评价转移到内心的需求时，我们就能发现和实现自己的内在价值。追求内在的平静并不意味着忽视他人的意见，而是在对自我真实理解和尊重的基础上建立起来的。只有当我们追求内在的价值和平静，我们才能找到自己的位置和生活的意义。

本节重点

在当今社会，我们面临着各种各样的观点和言论，其中不乏一些流言蜚语。虽然我们无法阻止别人对我们的评价，但我们可以选择如何应对这些负面言论。在竞争激烈的职场环境中，提升自己的实力至关重要。一个人的成功并非取决于他人的看法，而是取决于自己的努力和选择。在追求梦想的道路上，我们应该坚定自己的信念，不受他人影响，勇敢地走自己的路。我们要时刻铭记初心，风雨无阻地向前迸发。在这个世界上，没有人有资格轻视我们，因为我们是自己人生的唯一主宰。

放下偏执，与自己和解

在日常生活中，我们常常会遇到这样一种特殊的人：他们苛求细节，对他人的行为和动机抱有高度的怀疑态度。这些人往往表现出固执己见、情绪波动剧烈以及容易发怒等特点。尽管他们的道德感可能非常强，但他们很难接受不同的意见和观点，因此与他们建立友谊或感情关系并不容易。

从心理学的角度来看，这类人被归类为偏执型人格障碍的患者。通常情况下，他们在童年时期就开始出现相关的症状，对周围的人和事持有广泛的不信任和怀疑态度，甚至将他人的行为解释为恶意的意图。

倾盆大雨过后，一场洪水席卷了某个宁静的小村庄。教堂的钟声回荡在空气中，神父独自坐在祭坛前默默祈祷。突然，他注意到洪水已经涨到了他的膝盖位置。这时，一位勇敢的救生员驾驶着舢板驶向教堂，焦急地对神父说："神父，请赶快上船！水位正在迅速上升，如果再不走，您可能会被淹没的！"然而，神父坚定地回应："不，我相信上帝会来拯救我的。你还是去救助其他人吧。”

不久之后，洪水已经漫过了神父的胸口。他只能勉强站在祭坛上。紧接着，一名警察驾驶着快艇前来，同样担忧地说：“神父，请抓紧时间上船！水位继续上涨，您真的可能面临生命危险！”然而，神父依然回答：“不，我要坚守我的教堂。我相信上帝一定会来救我的。你还是去救助别人吧。”

又过了一会儿，洪水已经将整个教堂吞没。神父紧紧抓住教堂顶端的十字架，奋力抵抗着汹涌的洪水。就在此时，一架直升机缓缓悬停在教堂上空。飞行员扔下绳梯后大声呼喊：“神父，这是最后的机会了！请您赶紧上来，我实在不愿看到您被洪水吞噬！”然而，神父仍然坚定地说：“不，我要守护我的教堂！我相信上帝一定会来救我的。你还是去救助别人吧，上帝会与我同在的！”

最终，固执的神父在洪水中失去了生命。他的灵魂飞升至天堂后，愤怒地质问上帝：“主啊，我一生都在忠诚地侍奉您，为何您不肯救我？”上帝回答：“我怎么不肯救你呢？第一次，我派了舢板来救你，你拒绝了；第二次，我派了快艇，你依然摇头；第三次，我以国宾之礼待你，再派直升机前来救援，可你仍然不愿意接受。所以，我以为你是渴望回到我身边，好好陪伴我。”

在生活中，我们常常会遇到各种各样的困难和挑战，而很多时候，这些困难和挑战的根源其实是我们的偏执。偏执就是在某种情况下的过度坚持或者固执己见，这种行为往往会导致我们在面对问题时无法做出正确的判断和决策。然而，如果我们能够以理性的态度去对待这种偏执，将其引导到正确的地方，那么，这种偏执就可以被转化为一种执着。

执着，是一种积极的、有益的固执，它可以帮助我们在面对困难和挑战时保持坚定的信念和决心，从而更好地实现我们的目标。因此，我们应该学会如何将偏执转化为执着。

在实际生活中，我们都应该尽量避免偏执，学会倾听他人的意见和建议，这样才能避免失败和挫折，实现我们的人生目标。

为了改善偏执的思维和行为，我们可以尝试以下这几种办法。

1.认知提高法

偏执型人格的人很少有自知之明，他们常常不认为自己有偏执行为。因此，要缓解偏执心理，就需要寻求外界的帮助。可以通过其家人、朋友向他们解释偏执心理的种种表现，使他们意识到自己确实是出现了心理问题。只有不再固执己见，认识到自己的人格缺陷，才能正视客观现实。这是缓解偏执心理的第一步。

2.自我控制法

在意识到自己的偏执心理后，就需要对自己进行反思。当头脑中出现一些非理性观念，比如“他说得不对，我只相信自己；他肯定是在针对我，我必须反击等”，都要及时提醒自己，这种观念很有可能是错误的，不应该这么想。要学会自我克制，自我疏导，控制不良情绪的发生。当与别人观点有冲突时，应尽量避免争吵，提醒自己要虚心、耐心，不要过分强势、强词夺理。

3.交友训练法

偏执的人往往人际关系较差，朋友很少。所以，要摆脱偏执心理，就需要学会与人交往。首先，学会信任他人，相信大多数人是友好的、可以信任的，只有先相信他人，他人才会反馈给你同样的信任。其次，在交往中要学会主动帮助他人，每个人都会遇到大大小小的困难，互帮互助就显得尤为重要。最后，还要避免与朋友争吵，在遇到矛盾冲突时，要冷静下来，寻找有效的解决办法，不应咄咄逼人，非要争个高低胜负，这样不仅对自己没有一点儿好处，还会导致关系僵化。

4.敌意纠正训练法

首先，要经常提醒自己不要陷入敌对心理的旋涡。其次，要懂得尊重别人，才能得到别人的尊重。再次，要学会向你认识的所有人微笑。最后，要在生活中学会忍让和有耐心。

本节重点

固执作为人类心智中的一种固定观念，往往难以被改变，表现为过分坚持己见、不愿意倾听他人的意见。然而，这并不意味着固执是一种心理障碍。相比之下，偏执的人可能在某些方面表现出较高的固执度，但他们更倾向于过分夸大自我认知，忽视他人的观点，对事物的认识极端和顽固。若长期受困于偏执思维，最终可能导致偏执型人格障碍。

第五章 重塑自我认知，正确认识羞耻感

正确区分内疚感与羞耻心

羞耻和内疚是我们在与他人的互动中经常遇到的情绪问题。这两种情绪出现，意味着我们的关系出现了问题。尽管这两种情绪都不太受人欢迎，但适度的羞耻和内疚可以让我们反思自己的行为，并与外界保持良好关系。然而，如果过度，它们就会具有破坏性。本文将探讨羞耻感和内疚感的区别以及它们的产生原因。

当羞耻感袭来时，我感到周围的视线如火炙烤，仿佛被剥光了所有衣物，只想找个地缝钻进去，尽快逃离。自人类诞生之初，羞耻感便存在。

在学界，内疚感得到了更多的关注。弗洛伊德认为，内疚感源于恐惧，因为他认为恐惧催生了超我，而超我正是内疚感的根源。由于弗洛伊德对内疚感的研究较早，而对羞耻感的研究较少，因此后来的精神分析学家更倾向于研究内疚感，并认为内疚感是一种比羞耻感更为高级、复杂的情感。

羞耻感不仅仅是一种感觉，它还引发了一系列生理反应：如低头看地面或脸红、回避行为、自我挫败的想法（如人生失败）以及精神上的绝望等。羞耻感是个体将消极行为结果归因于自身能力不足时所产生的痛苦体验，这种体验会指向整个自我。

内疚感则出现在个体危害他人或违反道德规范的情况下，产生反省和对行为负有责任的负面体验。内疚感通常发生在不道德或自私的行为中。一旦内疚感产生，就可能激发采取补偿行为的动机。内疚感的社会价值在于，被唤起后，它经常引发帮助受害者的行为倾向。

1.羞耻与内疚都有哪些差别

首先，我们需要理解的是，羞耻感和内疚感的主要区别在于其指向的对象。羞耻感通常源于个人在道德或社会规范上的失败，而内疚感则主要源于个人行为上的失误。这种内疚感源于他对自己的行为的反思，认为自己的行为有过错，需要改正。

其次，羞耻感和内疚感关注的问题点也有所不同。有羞耻感的人常常过于关注自己的缺点和不足，而忽视了自己的优点和长处。他们将自己与他人进行比较，从而产生自卑感。相比之下，内疚感更多的是对自身过失行为的反思和悔恨。例如，一个人可能会因为伤害他人而感到内疚，这种内疚感源于他对自身行为的反思，认为自己的行为过于冲动，需要改正。

最后，羞耻感和内疚感对于个体的情绪反应也有所差异。有羞耻感的人更容易因为自身的缺点和不足而感到焦虑和不安，他们害怕被他人抛弃，因此会尽力去隐藏自己的缺点。而有内疚感的人则更多地担心自己会受到惩罚，他们害怕自己的行为会带来负面的后果。例如，一个人可能会因为自己的过错而被罚款或者被降职，这种内疚感源于他对自身行为的反思，认为自己的行为过于冒险，需要改正。

2.羞耻感与内疚感的交织

在某些情况下，羞耻感与内疚感之间的界限可能会变得模糊不清，它们往往会交织在一起。例如，当我们面对一个问题时，我们可能会问自己："我为什么会做出那样的事情？"如果我们关注的焦点在于"我"，也就是我们自身的身份和缺点，那么我们首先感受到的往往是羞耻感，且这种感觉更为强烈。

然而，如果我们的关注点放在"那样的事情"上，也就是我们的行为有违反规定的地方，那么我们首先感受到的就可能是内疚感，这种感觉同样强烈。在这种情况下，人们很容易同时注意到问题的两个方面，从而使得羞耻感引发内疚感，反之亦然。

3.个体间羞耻感和内疚感的产生差异

每个人的特性都有所不同。研究显示，某些人更容易产生羞耻感，而另一些人更容易产生内疚感，这种区别可能源自以下三个方面。

（1）归因差异影响情绪反应

情绪认知理论认为，对同一事件或行为，不同的个体可能会有不同的情绪反应。例如，当学生作弊被发现时，有的学生会感到羞耻，有的学生则会感到内疚或窘迫。这种差异源于人们对环境事件的不同认知评价和归因方式。心理学家韦纳在他的归因理论中也论述了羞耻和内疚的差异，他认为羞耻与不可控特性有关，而内疚则与可控制特性相关。他的研究表明，当行动者将失败归因于能力不足（即不可控原因）时，容易产生羞耻感；而当将失败归因于缺乏努力（即可控制原因）时，则容易产生内疚感。

（2）性格差异

研究发现，人们对自我和行为的评价存在某种性格倾向或特质上的差异。在同样的负性情境中，某些人可能表现出羞耻感，而另一些人可能表现出内疚感。例如，易羞耻的人往往具有场依存性的特征，他们的行为动机和行为方向容易受外界环境的影响，他们容易被他人的评价所左右，在乎自己的形象；而易内疚的人则具有场独立性特征，他们的行为动机和行为方向不易受外界环境的影响。因此，他们在面对所谓的“坏事”时，往往会表现出内疚感。

（3）文化差异

在亚洲国家中，羞耻的含义更为广泛，它包括了许多种不同的感受，如害羞、脸红、难堪、痛苦、哄笑等；而在西方社会，羞耻的含义则较为狭义和极端，感到羞耻被视为一种严重的事情，它包含一种极端的痛苦和社会耻辱感，羞耻本身就被视为一件让人感到可耻的事情，人们都尽力避开。

本节重点

宽恕被视为内疚的最佳疗愈方式，这不仅包括我们向他人和自己寻求宽恕，同时也体现在我们的实际行动中。对他人的诚挚道歉，无论是通过书信、文字还是其他形式，都是尊重和理解的表现。对于自己的疏忽行为，我们需要及时地补偿和改正。然而，对于羞愧，最有效的方式或许是宽恕自己。毕竟，谁能使每一件事情都尽善尽美，让周围的每个人都满意并喜欢自己呢？通过反思和学习，我们可以发现需要改变和提升的地方。此外，一种自我对话的方法也值得尝试：当你感到内疚或羞愧时，试着想象如果是你最好的朋友遇到同样的情况，你会如何安慰他？将这些想法记录下来，然后对自己说出来。

自我挫败让精神内耗走向极端

挫败感是指事物未能按照个体预期的方式发展，所导致的失望的心理状态。这种情绪通常伴随着消极、低落、自我否定等负面情绪。在面对不同类型的挫折时，不同的个体可能会产生不同程度的挫败感；而同样的挫折在不同的人身上发生时，也会产生不同程度的挫败感，这往往与个体的经历、承受能力和支持系统密切相关。

威廉·詹姆斯在《心理学原理》一书中提道："没有尝试，就不会失败；没有失败，就不会有羞耻感。"

玛蒂娜·纳芙拉蒂洛娃被誉为女子网球界的常青树，享有"铁金刚"的美誉，她赢得了无数奖牌。然而，即使是这样的网球巨星，也有过自我阻碍和自我挫败的经历。

在输给一些年轻对手后，纳芙拉蒂洛娃坦言："在比赛中，我不敢全力以赴……因为我害怕自己尽管付出了全部努力，仍然会被击败。而一旦如此，那就意味着我完了。"这就是自我阻碍或自我挫败的例子。

有时，人们会通过设定自身的阻碍来阻止自己成功。然而，这种行为并非出于恶意，而是为了自我保护。

在遭遇挫折而产生挫败感时，我们可以尝试这样想："我并没有真正失败，如果不是因为这些（我自己设定的阻碍），我相信我能做得更好。"

一、自我挫败的思维模式

积极心理学的创始人马丁·塞利格曼曾经指出，乐观者和悲观者在面对消极事件时，有着截然不同的归因偏好。前者倾向于将事件的原因视为客观的、暂时的和特殊的，而后者则倾向于认为这些原因是个人的、持久的和普遍的。

你可以将其理解为，当一个人经历失败时，如果他选择相信这是一时的不顺利，而不是自己的能力不足，那么他就有可能在失败中找到成长的机会；然而，如果他选择将失败归咎于自身的性格或智力，那么他可能会陷入自我否定的情绪中，认为自己无法改变现状。

小A和小B追求同一个女生，他们都以失败告终。小A从失败中总结出的经验是："看来我追求女生的方法有问题（客观性），不能仅仅通过买花和告白的方式来表达我的心意（特殊性）。下次我会尝试用共同话题来建立熟悉感（暂时性），这样我下次追求女生的时候应该能成功（暂时性）。"

而小B从失败中反思出的经验则是："我可能是不够有魅力（个人性），无论我去哪里都无法找到合适的方式来吸引女生（普遍性），我可能永远都无法得到女生的喜欢（永久性）。"

以下几个原因会导致挫败感：

1.身体原因

身体健康状况对于人的存在至关重要。身体功能出现问题会导致原始的愤怒和无能感，对人的内在造成深层的扰动。正如古话所说的“病来如山倒”，身体遭受重大疾病就像发生地震一般，而康复的过程则类似于重建废墟。想象一下，普通的感冒都足以让一个人好几天昏昏沉沉无法正常学习生活，更何况是严重的疾病？

2.受挫经历

有些人认为学习和工作成就是一个人的价值所在。当一个人在学习或工作领域只有单一的评价标准如名列前茅或拥有大量财富——而他在学业和事业上又没有取得理想的成绩，他就极易产生挫败感，认为自己一事无成，失败至极。他会像习得性无助的小白鼠一样，陷入最低谷，逐渐失去了探索的勇气。

3.核心关系破裂

失恋、离婚、重要亲人离世、与好友决裂等事件对个体而言是一种丧失，它就像我们内在的一部分被夺走一样。许多人在失恋时会体会到一种被掏空和被抛弃的感觉，这会让人怀疑自我是否值得被爱或是否真的存在。如果一个人的自体感本身就很弱，需要依赖另一个个体而生存，这种核心关系的破裂甚至可能危及生命。

4.个人信仰崩塌

一个人精神世界的追求和目标感是推动一个人前进的动力。信仰消失将是一种毁灭性的打击。弗兰克尔在《活出生命的意义》一书中提及，当一个人失去活着的盼头，很快就会面临生命的终结。这与臧克家先生所说的“有的人活着，他已经死了”有着相同的含义。

二、自我挫败的解决方案

接下来，我将向您介绍五步暂停法。这一方法有助于您的思维回归正常轨道，使您能够进行反思而非仅做出应对，以智慧而非冲动来行事，并有意识地选择最佳的行动方案。

第一步：提高对身体感知的敏感性。在行动的初始阶段，冲动往往会导致身体反应。请暂停行动，仔细观察并记录有反应的部位以及那种感觉的具体表现。例如，您的胃是否有不适？头部、颈部和胸部是否存在不适感？

第二步：加强对情感的感知能力。尝试将身体上的感觉与相应的情感联系起来。您为什么感到紧张？是针对某个特定的事物或情境吗？您为什么会感到愤怒？是有什么特定的原因触发了这种情绪？您是否正在经历恐惧？具体是因为什么让您感到害怕？

第三步：增强对冲动的认知。审视刚才的感觉，评估它们是否激发了您的行动欲望。这些感觉是否推动您采取某种行动？如果是这样，您希望通过这些行动实现什么目标？

第四步：提高对后果的认识。评估一下，如果采取行动，可能会带来哪些短期和长期的后果。意识到行动可能带来的不良后果有助于您在关键时刻做出明智的决策，适时地停止行动。

第五步：加强解决问题的能力。尝试思考还有没有其他可选择的方案。分析各种选择可能带来的最佳结果，并根据自己的需求和目标进行权衡和判断。

除了采用五步暂停法外，我们还应更加关注自身所获得的成果，而非所失去的东西。尽管某些令人挫败的行为可能具有破坏性，但它们仍具有某种意义。此外，无论个人多么希望停止某项行为，在某种程度上，仍然可能担忧如果新的行为未能奏效，情况进一步恶化，该如何是好？

因此，打破惯性的关键在于专注于所获得的成果，而非放弃的东西。否则，即便已经下定决心要进行改变，一旦遇到阻碍，也很容易重新回到自我挫败的老路上。

本节重点

自我挫败的行为往往会反复出现。尽管你的意愿是良好的，但当同样或类似的情况再次出现时，你可能会做出条件反射般的反应——采取你以前曾经采用的方式。如果你重复了过去的做法，不要因为犯了错误而对自己全盘否定，应该将你的自我轻视转化为自我决定。试着思考，如果你有机会再次面临相同的情况，你会如何应对。为了预防这种情况再次发生，可以制订一个切实可行的行动计划。

良性羞耻感给人以力量：知耻而后勇

许多心理学家认为，人类最负面的情绪不是无处安放的怒火，而是羞耻感。而一个人最高级的自律，便是把这份羞耻感化为勇气。“知耻而后勇”源于“知耻近乎勇”，出自《礼记·中庸》，意思是知道羞耻并勇于改过是一种值得夸耀、赞赏的行为。

人们对羞耻感存在一种认识误区，认为羞耻感本身是不利的。实际上，羞耻感可分为良性和恶性，只要勇于正视并应对，便能将这种负面情绪转化为促进个人成长的动力，促使我们不断完善自我。尽管羞耻感往往被视为一种痛苦的体验，但只要我们能够理性地对待它，就不会被其淹没，而是能够从中获得诸多益处。

1.更加了解自己

促进自我认知的过程，就像镜子前的自我审视。这种反思能够使那些感到羞愧的人深入探究自身的缺点，这些缺点并不仅仅局限于外貌上的瑕疵，更关键的是在行为方式和个人素质上的不当以及不足之处。我们可以借助这些观察结果来有针对性地改进自己的言行举止。现在，让我们通过一个具体的例子来进一步理解这个概念。

张涛是某大型国有企业销售部门的科长。部门员工的一次疏忽，导致一位重要客户遭受了损失。企业领导认为，张涛作为科长负有管理责任，决定撤销他的销售科长职务，并调其至装卸队。面对这样的决定，张涛毫无怨言，全身心地投入新的工作中，尽职尽责地完成装卸队的每一项任务。有人询问张涛的想法，他坦诚地说："起初我心里很不舒服，但后来我开始反思：我没有发现员工的工作失误，说明我还不能胜任销售科长这个职务，被撤职是理所当然的。如果希望领导再次信任我，就应该在新的工作岗位上努力工作，弥补以前给工作带来的损失。"后来，企业领导得知此事后，认为张涛是一个吃苦耐劳、勇于担当的人，于是将他调回销售部门，重新任命其为科长。

马克·吐温曾说："人是唯一知道羞耻和有必要知道羞耻的动物。"张涛因为管理工作失误被撤职，这样的羞耻感赋予了他强大的动力去修正工作中的不足，再次赢得了领导的信任。在职场上，职务的下降总是会让人觉得无比羞耻，颜面无光。面对这样的情况，我们应该做的是修正思想，改正不足，进一步提高工作能力，让坏事变好事。

2.提升对人际关系的认识

通常情况下，那些在社交场合感到自卑的人往往认为自己在建立人际关系方面存在缺陷。他们常常过于关注自己的不足，而忽视了自己的优点。这种过度的自我批评使他们在与他人交往时显得格外拘谨。然而，适度的羞耻感对于个人成长和人际关系的维护具有积极的推动作用。

3.帮助我们找到关于人生的重要事实

在人生的道路上，我们有时会因为某些事情而感到羞耻，但这并不一定是件坏事。适度的羞耻感可以帮助我们重新认识和发现关于人生的重要事实。在认识这些重要事实中，我们可以遵循这四个原则：人性、谦逊、自主和能力。

人性原则：没有哪个人愧为人类和理应成为下等人，也没有人是不同于其他任何人的神。

谦逊原则：没有人天生比其他人更好或更差。

自主原则：每个人都对自己的行为有一些控制权，但对他人的行为几乎没有控制权。

能力原则：每个人都可以争取做到“足够好”，但不必追求完美。

本节重点

当我们不被羞耻感所压制时，在很多情况下就会产生一种有益的情感，它可以帮助我们更好地了解自己的优点和不足。感到羞耻，意味着我们意识到自己在某些方面可能存在问题，我们可以去改进和提高。同时，羞耻感还能帮助我们建立与他人的界限，让我们更加尊重他人的感受和需求。

如何治愈不合理的羞耻感

羞耻感是我们内心深处的一种情绪反应，当个体在某些情况下对自己的行为或能力产生负面评价时，就会产生不合理的羞耻感。这种羞耻感不同于前面章节提到的良性羞耻感，它会给人带来巨大的痛苦。心理学家韦纳将这种羞耻感描述为当个体把消极的行为结果归因于自身能力不足时，产生的指向整个自我的痛苦体验。

与内疚不同，不合理的羞耻会导致我们退缩，抑制我们的行为。感到羞耻的人往往会不自觉地产生一系列自我攻击、自我怀疑的想法，如“我有缺点”“我很脏”“我不够好”等，总之就是陷入了自我贬低，觉得自己毫无价值。这种强烈不合理的羞耻感可能会因为一些微小的诱因而产生，比如不小心说错了一句话。

由于这种不合理的羞耻感强烈且无理，我们总是想要找到方法来逃避它。被羞耻情绪击中的人往往会启动自我保护机制，如逃避现实、完美主义、苛责他人，甚至暴怒。无论我们如何努力，目的都只有一个，那就是逃避羞耻感。成语“恼羞成怒”就是对这种心理的生动描绘，特别是在公众场合，我们会对一切有损自己面子的事情特别敏感。为了逃避这种感觉，我们有时候甚至会做出非常极端的事情。

中国人常说“打人不打脸”，因为打脸伤面子，面子代表的就是我们的羞耻感。一个没有羞耻心的人，完全不会在乎面子。但是，如果太在乎面子，面子就会变成一种枷锁。

很多时候，我们都会因为面子而做很多违心的事。比如，无法拒绝别人的要求，被迫参加毫无意义的聚会、跟风攀比等。总之，违心的事做了很多，就是不敢直视内心的羞耻感（没面子），更不曾仔细思考这样想到底有没有道理，有没有必要，因为一旦承认这些想法没有意义，就意味着否定了自己作为人的尊严和价值。正如心理学家帕特丽夏所言：“破坏性的羞耻感是一场精神危机。羞耻感涉及整体做人的失败。倍感羞耻的人相信自己不应当存活在这个世上。这并不是说他做错了什么事情（那是一种内疚感）。感到羞耻的人相信，他本来就是个错误。他就是耻辱本身，而不仅仅是感到羞耻。”

减轻不合理的羞耻感的关键在于提升自我价值感。无论是因为担心他人评价而感到羞耻，还是习惯性地自我贬低，只要有意愿，都可以实现疗愈。这个过程可以分为理解阶段和行动阶段。

首先，我们要正视并认识自己的羞耻感，并找出其根源。例如，我们可以通过觉察自己对羞耻感的防御机制（如否认、回避、暴露等），以及寻找羞耻感的源头（如遗传、社会期待和要求、个人关系等）来实现这一目标。只有了解了自己的羞耻感，才能采取行动进行改善。在这个过程中，我们可以寻求专业人士，如心理咨询师或陪护师的帮助，或者请身边有智慧的朋友提供支持。此外，我们还需要牢记上一节提到的四个原则：人性原则、谦逊原则、自主原则和能力原则。

接下来是行动阶段。仅仅理解内心的羞耻感是不够的，我们需要采取一些行动，以过上更好、更有意义的生活。具体来说，我们可以采取以下方法：

1. 寻求帮助

不要独自面对羞耻感。孤立是对抗羞耻感的常见反应。我们越感到羞耻，越是试图掩藏自己的想法、感受和行为。然而，这样做反而会阻碍我们治愈自己。因此，走出孤独，尝试与他人交流，是对抗羞耻感的最佳方式。当我们知道别人并不在意时，就会感到释然。

2. 挑战羞耻感

挑战羞耻感并不是简单地否认这种感觉，而是接纳它作为自我感受的一部分，然后对自己说："我知道羞耻感是我的一部分，但同时我依然是一个有价值的、有尊严的人，值得自己和他人的尊重和认可。"当然，刚开始这么做可能会很困难，但只要下定决心，多与自己对话，就会感到舒适。值得注意的是，我们的目标不是消除羞耻感，而是将其调适到适当的程度。

3. 量化四原则并采取实际行动

前面提到，适度的羞耻有助于我们更好地与世界相处。但我们需要遵循四原则，否则一旦受到损害，内心的平衡就会被打破，甚至遭受创伤。被羞耻感打倒的人最大的目标就是重新回到人群中，并被接受和爱着。但这不仅仅是想想而已就能做到的，还需要付诸实践，并把这个目标当作自己的责任。

人性原则、谦逊原则、自主原则和能力原则就像是行为指南。就像工程师建造大桥需要遵循一定的工程学原理一样，在疗愈羞耻感的过程中，我们需要把这些原则记在心中，并逐步去实践，这样就能找回自我价值感和尊严。

4.经常审视自己的进展

心理疗愈通常是反复的过程。因此，我们需要做充分的心理准备，知道自己可能在很长一段时间里都无法取得明显的进步。如果条件允许，尽量在他人陪伴下进行疗愈，效果会比独自疗愈好很多。找到一些有类似困扰的人建立一个群组，定期分享和反馈经验也是个不错的选择。更为重要的是，当我们在一个安全的环境中将羞耻感展示给他人时，便已经开始治愈羞耻感带来的伤害了。

本节重点

孤立现象在某种程度上是羞耻感的一种常见反应。对于那些被羞耻感主导的人来说，他们越是深感羞耻，就越倾向于将自己的思维、情感和行为隐藏起来，不让他人察觉。走出孤独的阴影，与他人建立联系，或许是我们解决这种羞耻感的最佳途径。

从自我挫败转向自我同情

村上春树在小说《挪威的森林》中写道：“永远不要怜悯自己，因为这是懦弱者的行为。”这句话被许多人视为经典。他们认为，面对困难和挫折时，同情自己就等于逃避现实、推卸责任、降低标准和自我放纵。似乎同情自己，就会使事情变得更糟。

许多人都以“对待朋友要像春天一样温暖；对待自己的缺点和错误，要像秋风扫落叶一样无情”来鞭策自己。但仔细思考一下就会发现，这些做法实际上是在限制自己，甚至自我伤害。

例如，当同事被老板批评时，我们不会责怪同事做得不够好，而是会设身处地地安慰和鼓励他；再比如当朋友和其恋人分手时，我们不会说是因为朋友“不够优秀才被甩”，而会说对方“配不上你”。但是如果这些事情发生在我们自己身上，我们就会觉得自己不够好，不够优秀。我们同情所有人，却不会同情自己。

在很多人看来，面对困难和挫折时，同情自己就意味着逃避现实、推卸责任、降低标准和自我放纵。同情自己就会让自己失败。但同情自己真的就意味着在给自己找借口吗？对自己真的永远都不要有同情心吗?

也许恰恰相反，我们每个人都需要学会自我同情。临床心理学家克里斯托弗·K.杰默说：“当我们在痛苦中产生帮助自己的紧迫感时，这就是自我同情。”因此，自我同情是一种无须抑制的本能，也是帮助自我成长的重要能力。而且，自我同情是通往幸福和满足生活的途径。给予自己无条件的关爱和安慰，同时理解和感受他人的困难，这样做，尽管挑战依然存在，我们却可以避免恐惧、否定和疏离的影响。

此外，自我同情还能滋养幸福和乐观的心态。正是因为有了自我同情的呵护，当内心焦虑得到自我同情的抚慰时，事物的是非曲直才会变得清晰可辨，智慧才能引导我们走向快乐的源泉。

当我们在内心为自己建立了一个宁静的世界，就能远离无休止的“好”与“坏”的自我评价。在这个地方，我们能获得长久以来渴望的温暖、支持和关爱。通过向内心深处探寻仁爱之源，承认他人共有的不完美处境，我们可以开始获得更多的安全感、更深的融入感以及更真实的存在感。

心理学家克里斯汀·内夫是第一个对自我同情一词进行衡量和定义的人。她将自我同情描述为对自己的仁慈，这需要温柔、支持和理解：与其严厉地批评自己的缺点，还不如给自己温暖和无条件的接纳。自我同情就是将给予朋友的那份善意给予自己，可以让我们带着关心和理解去处理自己的错误，而不是一味地自责和羞愧。她认为，自我同情是帮助我们摆脱“不断需要比别人好，才能自我感觉好”的一种方法。

自我同情不同于自尊，自尊水平可能会随着我们的成功或失败而起伏。而自我同情则是一种全然接纳和善待自己的态度。当犯错或失败时，我们很容易责备自己，有些人会拼命压抑情绪，觉得犯错后还要安慰自己是一种软弱的表现。还有些人甚至会认为自己毫无价值，陷入无法走出的低谷。

自我同情可以让我们以一种“不评判”的态度对待自己，既不压抑也不夸大我们的负面情绪，而这有助于我们平静地接纳痛苦的想法和情绪。如果每次遇到不幸的事情时，你都会下意识地责备和批评自己，那么或许就需要改善一下与自己的关系了。

在将自我挫败转变为自我同情之后，我们还需采取哪些步骤以实现个人成长呢？以下是一些建议和技巧：

1.寻找自我价值以克服内心的挫败感

正如阿德勒在《自卑与超越》一书中所述，最有效的方法是让你的价值与社会价值相结合。无论你从事何种工作或处于何种地位，试着去发现它的意义。如果你能感受到自己的价值，并且这个价值被社会广泛认可，那么无论价值大小，都会给你带来积极的力量。

2.从自我沉浸中抽离出来，变为第三人称的观察者

停止强化自我的负面认知，尝试用理性的视角看待自己，学会建设性地思考问题。例如，思考如果是别人面对同样的情况，他们会如何处理？这样可以帮助你更全面、更有建设性地看待问题。

3.制订行动计划并立即付诸实践

在进行建设性思考后，设定可以实施的目标并立即行动。你可以采用“当头棒喝”的方式激励自己立刻行动，或者通过“把背包扔过墙”的方法强迫自己必须采取实际行动。总之，首先要迈出行动的第一步。比如，如果你已经买了一本书很长时间，但一直没有看，当你准备自我否定时，可以立刻起身拿起书看一页。因为事情往往开始时最难，一旦开始就容易得多了。

4.积累正向反馈

正向的反馈更有助于巩固正确的行为。就像教育孩子一样，及时表扬其正确的行为，并解释原因，比在其犯错误时批评他们，更能提升他们的自尊心，并巩固他们的正确行为。总之，只有多给自己正面的反馈，你才会有动力一步步朝着理想的方向前进。

本节重点

善待自己，对自己宽容一些，实际上能够帮助我们变得更自信、更积极、更阳光。对自己充满同情心，才能真正懂得如何爱自己。相反，那些对自己要求苛刻，却对他人宽容的人，实际上是在对自己施加最大的“虐待”。

如何走出原生家庭带来的自我羞耻感

在我们的童年时期，如果遭受了严重的羞辱，这种羞耻感可能会伴随我们度过整个成年时期。这就像我们的内心深处仍然隐藏着父母的形象，这些形象不断地提醒我们，我们是有缺陷的。即使我们已经不再和父母住在一起，这些“陈旧的”父母形象仍然存在于我们的心中。即使父母已经改变，不再羞辱我们，那些形象仍然萦绕在我们的脑海中。

原生家庭对一个人的影响到底有多大？下文例子中的主人公萱墨就是一个典型的例子。

由于小时候是留守儿童，也经历过一段寄人篱下的日子，萱墨的性格变得敏感，缺乏主见。后来父母会偶尔在她身边，但他们忙于生计，也没有时间和精力花在萱墨身上。加上家里有个弟弟，重男轻女的现象在农村是很常见的。儿童时期，萱墨目睹了父母对弟弟的溺爱，耳边回响着母亲的叮嘱：“咱们家没钱，你要懂事，你要照顾弟弟，你要做家务。”久而久之，萱墨看起来很懂事，不会像弟弟一样缠着父母要这要那，也从不敢反驳。

后来报考大学时，萱墨选择了省外的大学，想远离家人，更希望自己可以在大城市靠自己的努力赚取生活费。然而，上大学之后，以前的问题依然存在。虽然可以赚一些生活费，但生活成本变高了，课程又多，萱墨没有那么多时间做兼职。偶尔周末做做兼职也只能勉强补贴一下自己的生活。她的自卑心理越发严重，不敢交朋友，也不知道如何与他人相处、交谈。因此，她只能孤零零地度过大学时期。

后来，她谈了一个男朋友。刚开始谈恋爱时，她满心欢喜，觉得对方又高又帅，觉得自己配不上他。所以刚开始她很感激男朋友能够喜欢她、照顾她。然而随着时间的流逝，过往的经历还是使她的心境发生了变化。她开始害怕被抛弃，害怕男朋友发现自己是如此糟糕。为了不被抛弃，她开始假装自己不在乎男朋友，时不时地吵架、提分手、删好友等。最终，他们还是分手了。

从上述故事中我们可以看出，萱墨深受原生家庭的影响。无论是性格、交友还是爱情等方面，她都被原生家庭所塑造。她曾想过逃离原生家庭，却无论如何都无法摆脱原生家庭的影子。原生家庭带来的自卑感并不会随着成长而消失。

我们的原生家庭令我们产生羞耻感的最常见行为有：

发出类似这样的信号：

你不好（或不够好）、你不值得爱、你不属于这里或不应当存在。

发出要抛弃、背叛、忽视和冷落的威胁。

施以身体虐待和性虐待。

要求全体家庭成员保守家里的秘密。

父母要求你事事都做到完美。

我们相信，你可以解决好来自家庭的羞耻感问题。但是，由于羞耻感根深蒂固，这一任务可能很难完成。许多孩子已经将他们接收的令人感到羞耻的信号完全吸收了。毕竟，当父母坚持认为他们的孩子某些方面一定出了问题时，什么样的孩子能够抵抗这种攻击呢？在这一章，我们将了解解决这种羞耻感的具体方法。

1.去了解伤害而不是被伤害困住

我们的目的是发现那些伤害我们的事件，并从中学习，以改变当前的想法、感受和行为。然而，当我们深入研究自己的羞耻感时，我们可能会感到痛苦。关键在于我们要仔细了解那种伤害，而不是陷入其中。我们需要保持头脑清醒，心如明镜，至少在情绪上保持一定的中立，以平衡我们的痛苦遭遇。

2.对伤害你的信号进行排序

这些信号可能是最深刻的影响，令我们感到痛苦，而且似乎永远地定格在那里，无法解除。了解哪些令人羞耻的信号给我们带来最大的伤害，然后根据影响力从大到小，对那些信号进行排序。如果你能挑战它并替换排在前面的信号，应该能给你的人生带来最大的好处。

3.允许自己为信号造成的伤害而感到悲伤

一个接收到这种信号的孩子，将会有许多要求无法得到满足。等到这个孩子长大成人后，试图从羞耻感中逃离时，一定会对小时候这些未能得到满足的要求感到悲伤不已。因此，我们需要接受这种悲伤，并学会放下过去，走向更美好的未来。

4.用体现自我价值的新信号来挑战带来伤害的旧信号

如果我们来自于为我们带来羞耻的家庭，那么，对我们来说，最好的事情是长大成人。长大后，我们可以挑战在童年时代接收的带来伤害的信号，并用积极的信号来取代它们。这些信号最初并不是从你的内心产出的，但可能已经多年扎根于你的内心。你可以梳理你在童年时代收到的信号，并且有意识地把它们抛出来。在挑战来自原生家庭的令人羞耻的信号时，可以定位和研究每一个特定的令人羞耻的信号、判断发出每一个信号的人、质疑“这种信号是我们的父亲（或母亲）发出的，因此一定正确”的想法、审视那一信号，并且确定接受还是拒绝它，用新的、积极的、不会令人感到羞耻的信号来替代旧的、令人羞耻的信号等步骤。

5.使行为与积极的信号相一致

用体现自我价值的新信号来挑战旧信号，并通过改变行为使之与这些积极的新信号相一致。当你改变了你的行为，过上一种不以羞耻为中心的更加积极的生活时，你必须和你的原生家庭一同来改变你的行为。对于一个充满羞耻感的家庭，最好的挑战是那些平静而清晰的挑战，并且需要定期、反复地进行。

同时，你也可以选择缩短与原生家庭成员见面的时间，或使用电话交谈，在被其羞辱的风险变小的时候才和他们见面。最后，如果你想得到家人的尊重，应当记住其他人在观察你的时候，也在寻找你值得尊重的线索。如果你希望他们以怎样的方式来对待你，那你也必须以这样的方式对待自己。

6.归还“借来的羞耻感”

在充满羞耻感的家庭中，羞耻感是会“传染”的，它可以轻易地在家人之间传递，最终影响每一位家庭成员。归还“借来的”羞耻感的目的，是让其他人对他们自己的行为或感觉负责任。治愈“借来的羞耻感”带来的创伤的关键在于弄清楚当你对某件事情感到的羞耻时，这件事的确与你的行为毫无关系，而是其他家人的行为的结果。如果你打算归还“借来的羞耻感”，你可以告诉自己说：“多年前，我接受了某些本不属于我的羞耻感。现在，我知道我当时根本没有做错任何事情。我不感到内疚，也没有任何可感到羞耻的事情。”最后，如果你想直接表达你对其他家人的决心，那么你应该坚持让你的家人知道你不再接受他们的羞辱行为，但主要目的是让被羞辱的人归还“借来的羞耻感”，而不是坚持认为那些曾经羞辱过他的人现在应当感到羞耻，并以此惩罚他们。

7.原谅羞辱过你的家人

原谅可能是极其痛苦的，但它是一种释放怨恨的方式，目的是治愈自己。原谅可以让我们与伤害我们的人和解，或者与我们对那个人的记忆和解，或者结束一种建立在痛苦和怨恨之上的关系，并继续我们的生活。记住，原谅是可以选择的。真正的原谅不会提出任何要求。改变态度的标志是萌生类似这样的想法：我已经厌倦了怨恨。这种看法的改变将使我们的行为也发生改变。

本节重点

原生家庭所带来的羞耻感是痛苦且难以摆脱的。然而，它并非无法治愈。治疗的过程包括关注那些伤害我们的信号，并对这些信号给我们造成的伤害感到悲痛。接着，我们可以挑战这些信号，以一种彰显自尊、荣耀和尊严的方式来改变我们的行为，而非通过羞耻感。我们需要归还或转移这种“借用”或“转移”来的羞耻感，并尝试将原谅视为摆脱羞耻感的一种方式。治疗源自家庭的创伤需要时间和耐心。我们需要将这一过程深入我们的感受、思考、行为和精神层面。请记住，改变是可能的，我们不必被过去的羞耻感所困扰。

第六章 抗压能力提升，在逆境中培养强大的内心

不做温室的花朵，敢于走出舒适圈

每个人都有自己的心理舒适区，这是一个让我们感到安逸、放松、稳定并充满安全感的地方。一旦走出这个区域，我们可能会感到不适、困扰或者痛苦。然而，许多人选择留在舒适区内，主要是追求安逸的生活，害怕面对舒适区之外可能的挑战和困难。

但是，如果一个人总是待在舒适区，他可能会逐渐变得麻木，不再主动去成长和进步。久而久之，他可能会变得越来越颓废，对未来的风险丧失抵抗力。我曾经看过一个故事，它讲述了一个驯象人如

何用一根细竹竿拴住大象，而不是用一棵大树。当人们对此表示疑惑时，驯象人解释说，这是因为大象小时候就被拴在这根竹竿上，那时它拼命挣扎也无法挣脱。随着时间的推移，大象逐渐形成了一种思维定势，认为自己无法挣脱这根竹竿。实际上，束缚大象的并不是那根竹竿，而是它的思想。

大象的自我设限使它习惯了忍耐，自我催眠，把痛苦合理化，从而失去了自由。这是一种思维上的局限和眼界上的狭窄，因为当你心“穷”时，志气和改变的勇气都跟着消失了。在很多情况下，我们感到受困的并非他人，而是我们自己那颗限制自我发展的心。这种心态常常让我们陷入舒适区，不愿面对挑战和改变。

19世纪末，康奈尔大学进行了著名的青蛙实验。在这个实验中，一位研究人员将一只活蹦乱跳的青蛙放入沸水中，青蛙在千钧一发之际跳出了水面，成功地逃生。然而，半小时后，研究人员再次将青蛙放入锅中，这次锅里装的是半锅凉水，水慢慢地被加热。起初，青蛙对温水感到适应，但随着水温逐渐升高，青蛙开始无法适应，但也无法逃离，最终在沸水中死亡。

这个实验展示了两种环境：一种是危机环境，即充满挑战和变化的环境；另一种是舒适环境，即让人感到舒适、熟悉的环境。在心理学上，舒适环境被称为舒适圈，它是一种让人因循守旧、不思进取的环境。然而，如果我们总是留在舒适圈内，我们的发展和进步就会非常缓慢，这种环境无法激发我们的潜力。

那么，如何才能走出心理舒适圈去迎接新的挑战呢？首先，我们需要明白，舒适圈并不一定是封闭且不变的环境。只要它能与我们的内在认同和社会认同相一致，它就可以有延伸和深度。其次，要达到这种高度的一致性，我们需要建立一个健康、理性、完整的价值观体系。

在人生的旅途中，我们都会遇到一个无形的舒适圈，它像一个温暖的泡沫，包裹着我们，让我们感到安全和舒适。然而，这个舒适圈也可能成为阻碍我们前进的绊脚石，限制我们的视野和潜力。因此，我们需要有意识地去认识和克服舒适圈的负面影响，以便能够快速摆脱对它的依赖，迈向更高的人生境界。

1.理解舒适区的负面影响

要成功地跳出自己的舒适区，首先需要深入理解这个概念的潜在危害。认识到它的危害，才可能开始改变。

2.明确需要克服的挑战

对于那些渴望突破自我限制的人来说，了解自己必须战胜的障碍至关重要。只有明确了这些挑战，才能有意识地避免某些行为，从而更快地摆脱对舒适区的依赖。

3.培养接受新挑战的习惯

想要摆脱舒适区，就需要习惯于接受新的挑战。只有接触到新的事物，才能发现舒适区之外的魅力。最好是让自己逐渐忘记舒适区，这样自然就不会依赖它了。

4.我们需要有决心去面对失败

走出舒适区就意味着我们可能会遭遇很多挫折，没有人可以帮助我们，没有人可以庇护我们。因此，我们需要让自己变得更强大，更坚韧。我们需要学会独自面对失败，从失败中学习，从失败中成长。

5.远离那些让我们留在舒适圈的人

远离那些让我们留在舒适圈的人，只有这样，我们才能真正去思考如何改变自己，如何摆脱舒适区的束缚。我们需要找到新的朋友、新的机会、新的挑战，这样我们才能真正找到人生的方向。

6.需要积极地行动起来

很多人认为，走出舒适区并不难，真正的难点在于下定决心。如果我们只是一时兴起，然后又放弃，那么我们的努力就会白费。只有当我们下定决心，保持改变的态度，我们才能真正走出舒适区，让自己变得更加独立，更加优秀。

本节重点

走出舒适圈，意味着我们需要面对未知的挑战和风险。这需要我们有足够的勇气和决心，去接受新的事物，去迎接新的挑战。只有这样，我们才能够不断地成长和进步，让自己的人生更加精彩。同时，走出舒适圈也意味着我们需要学会独立。在这个过程中，我们可能会遇到很多困难和挫折，但只有通过自己的努力和坚持，才能够真正地实现自我价值，让自己的生活更加充实和有意义。

理解失败的意义，无惧失败

在生活和工作中，我们不可避免地会经历一些失败。有人把失败比作一根绳子，有的人用它来继续攀爬更高的山峰，而有的人却把它当作结束生命的工具。面对这根绳子，许多人将其视为一种助力，他们深信“失败乃成功之母”，以此来安慰那些因失败而失落的心灵。然而，也有少数人，他们坚持将失败看作离开这个世界的理由，在遭受失败后选择了放弃生命。

有些失败的根源在于决策，有些源于操作失误，还有一些则可归因于人际关系。令人意想不到的失败，通常是由人性所导致的。然而，失败本身并不可怕，可怕的是我们无法识别失败的源头。

在哈佛商学院，艾米·埃德蒙森是一位专门研究失败现象的专家。她将失败划分为三大类别：可预防的失败、复杂的失败和聪明的失败，这三者共同构成了“智慧型失败”策略。

首先，我们来看第一种类型的失败——可预防的失败。这种类型的失败主要包括流程缺陷、团队成员技能不足，以及无视规章、粗心大意等四种情况。例如你在驾驶时闯红灯，或者因为疏忽大意而发生交通事故，就是无视规章的失败。又比如你虽然看到了红灯，但是由于驾驶技术不过关，没有及时停车，这就是能力不足导致的失败。如果交通信号灯的设计存在问题，比如绿灯亮的时间过短，且没有提示就直接转为红灯，那么也容易出现闯红灯的问题。这类失败的发生通常可以通过提供知识和技能的培训、优化流程和规范操作等方式降低。

其次，是复杂的失败。这种类型的失败通常发生在人们熟悉的场景中，虽然人们有所准备，但往往会伴随着一系列全新且复杂的变量，让人无法防备。例如，2012年的飓风“桑迪”袭击纽约，就属于这种类型的失败。对于这样的失败，我们无法完全避免，能做的只是尽可能做好预判，减轻它带来的负面影响。

最后，是聪明的失败。这种类型的失败是值得庆祝的。为什么？因为这类失败往往是由冒险和实验引发的，它们能够为组织带来宝贵的新知识，推动科技和文明的进步。比如电话的发明、火箭的升空、新药的研发等，都是这样的例子。因此，许多创新型组织会主动寻求这样的失败。

艾米·埃德蒙森提出了“智慧型失败”的系统性策略——减少可预防的失败，预测和减轻复杂的失败，促进聪明的失败。这三个维度同等重要，不能偏废任何一方，否则可能会因为一个小失误而导致全面失败。

哈佛商学院的失败案例大多源于操作层面的问题，即在遵循正常流程的前提下进行。换句话说，这些失败案例并未充分考虑到个人的情绪、情感以及人际关系的影响。实际上，很多情况下是个人情绪化决策或者过于强调人际关系，引发决策和执行层面出现错误，最终导致失败的结果。

很多时候，事情在尚未开始就已经注定了失败。失败的原因主要体现在以下几个方面：

1. 缺乏勇气

因为害怕某人或某事，而在关键时刻选择逃避，结果导致失败。有时候，出于对某人的忌惮，我们在执行政策时会明显地让步，或者不敢与对方抗争，只要对方表现出态度，我们就会立刻退缩。

2. 傲慢自大

本来可以通过协商解决的问题，但由于自己的傲慢自大，不把别人放在眼里，产生“别理他”“他算什么东西”“别把他当回事”等想法。这种行为只会激起对方的愤怒，使原本简单的问题变得复杂，导致失败。

3. 过分强势

过分强势的人不考虑别人的感受，总认为别人应该听从他的意见。在这种压力下，弱者表面上顺从，但私下里却故意捣乱，要么增加做事的难度，要么眼睁睁地看着损失产生而不去处理。反正事件失败了也跟他无关，或者事情失败了他还很高兴。在强者咄咄逼人的攻势之下，弱者必然会出现消极态度或进行反抗。

4.情感束缚

情感标记会影响我们的决策和行为，让我们更加倾向于选择那些曾经带来愉快感受的可能性，而避免那些曾经带来痛苦感受的可能性。这就是所谓的情感束缚。然而，情感束缚并不总是积极的。有时候，我们对某个人或事物的情感偏好可能会导致我们做出错误的决策。比如，一个人因为害怕失败而不敢尝试新的工作机会，就会错过一个能够让自己成长的好机会。因此，我们需要学会如何克服情感束缚，让自己更加客观地看待事物，从而做出更加明智的决策。

那些世界上最成功的人似乎并不把自己看得太重要。当然，他们对自己的抱负、目标和利益非常关心。他们将生活视为一个游乐场，意想不到的挑战、曲折和变化只是游戏的一部分。正如美国桥水投资公司创始人瑞·达利欧在其著作《原则》中所言：“把生活当作游戏或武术，你的任务是找出如何应对挑战，实现目标。在玩游戏或练习武术的过程中，你会变得更加熟练。当你变得更好的时候，你就会进入游戏的更高层级，这将需要——并教会你——更棒的技能。”

任何电子游戏玩家都可以证明，一遍又一遍玩同样的关卡是非常无聊的。同样，没有人希望生活就是“按下按钮”，不劳而获。简单来说，我们都渴望迎接挑战。这就要求我们走出舒适圈，去面对不熟悉的环境。在这种背景下，现实生活变成了终极游戏。

当我们用游戏的思想看待我们的职业和个人挫折时，失败带给我们的挫败感会减轻许多。在下一个回合的挑战中取得成功甚至会让人感到振奋。

本节重点

我们需要学会接受失败带来的情绪和影响。失败并不意味着我们是失败者，只是暂时没有达到预期的目标。因此，我们需要告诉自己，失败是人生中不可避免的一部分，我们只有通过失败才能更好地成长和进步。我们还需要学会从失败中汲取经验教训，并将其应用到未来的决策和行动中。只有总结失败的原因和过程，我们才能更好地了解自己的优势和不足，从而更加明智地做出决策。

充分发挥优势，培养逆境成长的心理

我们通常很了解他人的优缺点，却很难发现自己的优点和缺点。实际上，如果一个人无法认识自己的优势，他也很难发现他人的优势，因为他可能缺乏关注自身优势的思维模式，以及准确表达优势的语言习惯。

那些拥有较强抗压能力的人往往能够明确自己的优势。相反，那些抗压能力较弱的人常常认为自己没有什么明显的优势，因此在处理事情时总是受到自身弱点的影响。实际上，我们都有各自的优势，只是这些优势在日常生活中很容易被忽视。

优势能够激发人们的积极性和活力，让人们充满热情地追求自我发展。美国管理学家彼得·德鲁克曾经说过一句关于优势的名言："成功与否取决于个人的优势，而弱点并不能促使我们进步。"从心理学的角度来看，优势是指那些真正能够激发人的内在活力、帮助人发挥最大潜能并取得成功的素质。

1.借助工具

在这个瞬息万变的世界中，理解并发掘自身的优势显得尤为重要。那么，如何才能发掘自己真正的优势呢？主要有两种方法：一种是利用专业的诊断工具，另一种是接受有经验的人的指导。接下来，我们将深入探讨这两种方法。

首先，让我们来了解两种典型的优势测试工具。这两种工具分别是盖洛普优势识别器和品格优势问卷。下面将为大家详细介绍每个工具的特点和优势。

（1）盖洛普优势识别器：盖洛普优势识别器这一专业工具，为商业人士提供了一个独特的视角来认识自己和他人的潜力。这款测试不仅包含了34个关于才能的主题，还通过177个问题深入挖掘了每个人在商业活动中表现出色的原因。通过分析测试者对177组配对陈述的本能反应，盖洛普优势识别器揭示出了每个人最自然的思考感受和行为方式的重要线索，并以报告的形式呈现。

（2）品格优势问卷：品格优势问卷是一种由积极心理学领域的杰出代表克里斯托弗·彼得森和马丁·塞利格曼共同开发的创新研究方法。在开发过程中，他们非常注重研究的普及性和广泛性，组建了一支由一流学者组成的团队，对世界各地的文化、历史和哲学进行了深入研究，阅读了大量的书籍。经过不懈地努力，他们最终发现了人类普遍拥有的六种美德：智慧、勇气、仁慈、正义、节制和超然。然而，这些美德较为抽象，需要进一步地研究才能更好地运用和实践。

为了使这些美德更具实际意义，研究人员又为每种美德细分出了24种具体的品行优势。品格优势问卷主张通过发掘个体的美德、力量和潜力，充分利用这些人格特质来培养积极的心态，实现个人成长和心灵的和谐。这一理念为我们提供了一个全新的视角，可以帮助我们更好地认识自己，提升自我价值。

2.优势指导

优势指导就是将自己理所当然的能力可视化，并将其定义为优势。在这里，我们需要注意以下几点。

（1）优势指导需要选出自己可以信任的人

如果指导人本身的思维结构是“聚焦劣势”的“关注缺陷型”，那么本人在接受指导时就会受到负面影响。要知道，将焦点集中在优势而不是劣势上，是最大限度挖掘他人潜力的捷径。

（2）理解五大优势原则

五大优势原则：①所有的人都有优势。②聚焦优势是取得成功的秘诀。③自我优势中隐藏着最大的可能性。④将自己的优势发挥到力所能及的小事上会带来大改变。⑤成功很大程度上来自充分发挥自我优势。

（3）指导时要问的五个问题

关于优势指导，你需要问自己以下五个问题：

什么是我最大的成就?

我最喜欢自己的哪个方面?

我做什么事情的时候最开心?

我什么时候才会感到“这才是真正的自我”？

我的最佳时刻是什么时刻?

不擅长把握、利用优势也很常见，因此在提出这些问题时，不用急于回答。

在追求成功的道路上，仅仅发现自己的优势是远远不够的。为了在逆境中培养积极的心态，我们需要将这些优势运用到新的领域中，从而不断提升自己。这样，我们才能在面对挑战时保持乐观，勇往直前。

本节重点

我们需要明白的是，克服弱点并不是一件容易的事情。它需要我们投入大量的时间和精力，而且成功率并不高。即使我们成功地克服了弱点，也并不能将其转化为我们的优势。因此，可以尝试用以下三种方法对待自己的弱点。

1.我们可以尝试花费尽可能少的时间去消除弱点。但这并不意味着我们要牺牲自己的其他优势来弥补弱点。我们需要找到一个平衡点，以最低限度地消耗自己的资源去消除弱点，而最大限度地投资于自我优势。

2.可以选择“外包”。当发现自己不擅长某些事情时，我们可以寻求他人的帮助或者将这些事情交给专业的公司来处理。

3.寻找与我们互补的搭档。他们可以是我们的朋友、同事或者是合作伙伴。通过与他们合作，我们不仅可以弥补自己的弱点，还可以从他们身上学到很多东西。

环境会变，积极适应变化的心态不能变

古希腊哲学家柏拉图曾宣称自己掌握了一种神奇的移山术。得知此事后，他的弟弟们纷纷请求他传授这项技艺。然而，柏拉图却以一种平淡无奇的态度回应道："这件事其实非常简单，如果山不过来，那么我就过去。"这句话看似平常，却蕴含了一种深刻的人生哲理：当无法改变所处的环境时，我们应该学会适应环境，而不是试图强行改变它。

《谁动了我的奶酪》一书的作者斯宾塞·约翰逊博士，不仅是一位知名的思想先锋和畅销书作家，同时也是一位医生和心理问题专家。他擅长将复杂的问题简化，以易于理解的方式传达给读者。他在《谁动了我的奶酪》中讲述了四个角色在迷宫中寻找奶酪的故事。

故事中的四个主角分别是两只老鼠嗅嗅和匆匆，以及两个小矮人哼哼和唧唧。他们都在寻找自己的奶酪，这是他们在迷宫中寻找的目标。然而，找到奶酪并不是一件容易的事情，他们经常会遇到死胡同和黑暗的角落。终于有一天，他们找到了奶酪C站，那里有无数的奶酪。找到奶酪C站后，两只老鼠嗅嗅和匆匆仍然保持着原来的生活方

式，而两个小矮人哼哼和唧唧则很快适应了有奶酪的新生活。

然而，有一天，当他们再次到达奶酪C站时，发现那里的奶酪已经不见了。两只老鼠嗅嗅和匆匆对此并不感到惊讶，因为他们早就预见到了这一天的到来。他们很快就出发去寻找新的奶酪，并成功地找到了奶酪N站。而两个小矮人哼哼和唧唧对这一变故却毫无准备，他们无法接受C站没有了奶酪的事实。唧唧开始沮丧，而哼哼则控诉整个事件的不公。他们的生活完全建立在有奶酪的基础上，对未来的计划也全部基于这一点。

然而，经过一段时间的等待，唧唧意识到奶酪不会回来了，于是他鼓起勇气走出了C站。经过一番曲折，他也找到了奶酪N站。而哼哼呢？他还在C站等待奶酪被送回来。

这个故事虽然简短，却包含了许多深刻的道理。它告诉我们，生活就像是一个迷宫，我们总是在其中寻找幸福的场所。而奶酪则象征着能带给我们幸福感和成就感的东西，比如金钱、自由、健康、工作等。然而，我们必须认识到，奶酪也有其生命周期，它会消失，而我们也必须学会面对这种变化。

在变化中保持积极的态度和适应变化的能力并不容易。这需要我们改变那些可能对工作和生活产生消极影响的态度和性格。例如，故事中的哼哼和唧唧看到堆积如山的奶酪，闻到诱人的香味，就忘乎所以地扑上去，尽情享受着美味，沉浸在成功的满足感和喜悦中。他们每天一成不变地来到奶酪C站，心无旁骛地享受着奶酪，做着不切实际的白日梦，幻想着奶酪取之不竭用之不尽。这种不劳而获且被眼前胜利冲昏头脑的假象是十分危险的。

在现实生活中，人们也常常在实现短期目标或获得当前利益后停滞不前，这是由于人的惰性引起的。惰性是指因主观因素而无法按照既定目标行动的一种心理状态。它是人的懒惰本性，一种不易改变落后的习性，不想改变旧思想、旧行为方式的倾向。当一个人有惰性心理时，做事就会一拖再拖，迟迟不肯行动，人的惰性就像惰性气体的作用，阻碍化学反应的发生，成为成功路上的绊脚石。因此，首先要克服惰性。

像哼哼和唧唧一样被惰性牵着鼻子走是错误的做法。我们应该从榜样身上学习，比如嗅嗅和匆匆，他们始终保持警惕，不懈怠、不放松，不在安逸的环境中消沉，不被胜利的果实消磨上进心。最大的难度和最有力的支撑都是心理和精神，所以首要任务要克服思想上的惰性。

大多数人只是恐惧改变，并不恐惧现状。而残酷的事实证明，现状才是罪魁祸首，才最可怕。在社会这样一个迷宫中，且不说奶酪会在将来的某一天突然远去，人们甚至不能保证其质量能够一成不变。数不清的因素威胁着奶酪的存在以及它的质量，这就值得引起恐惧。作为直接相关方，人们若是冷眼旁观着奶酪离自己远去，或是对其变质束手无策，这是何其令人恐惧。所以应在两种恐惧之间加一个天平，到底孰轻孰重，应有一个判断。最有利于做出判断的方法就是要预测保持现状的结果，而非只关注于保持现状能够得到的东西。利用对安于现状所带来的后果的恐惧，去战胜改变的恐惧。

改变并不可怕，因为改变绝非放弃已然拥有的，转而寻找新的奶酪，这也只是其中一种改变方法。另一种做法是改变自己，提高自己，保证自己已有的奶酪不变质，或者越变越美味，越变越充足。根据自身的现有状况，判断哪种改变能够实现个人追求最大化。

关于如何改变，你可以在改变的每个阶段做出积极的回应和行动。变化曲线可以帮助我们认识变化的整个过程。

变化曲线，又称库伯勒-罗斯变化曲线，是一种描绘人们在面对变化和动荡时的行为和反应的模型。这一模型最早由20世纪60年代的心理学家伊丽莎白·库伯勒-罗斯提出，她基于自己的研究，将人们对变化的应对过程划分为六个阶段：震惊、否认、愤怒、讨价还价、抑郁和接受。

1.震惊阶段

当面临变化的消息时，人们往往会处于震惊的状态，无法立即做出反应。这是因为变化往往出乎人们的预料，使他们感到不知所措。

2.否认阶段

人们可能会进入否认的阶段，他们需要时间来处理新的信息，并试图将其视为不存在或不重要的。在这个阶段，人们可能会拒绝接受现实，以维护自己的心理平衡。

3.愤怒阶段

当现实无法再被否认时，人们可能会变得愤怒。这种愤怒可能源于无力改变现状的无奈，也可能源于对他人不理解自己的挫败感。在这个阶段，人们可能会变得冲动，甚至可能对他人产生攻击性。

4.讨价还价阶段

人们开始尝试参与变革，但他们的方式往往是以自我为中心，寻找对自己有利的折中方案。他们可能会试图通过谈判或妥协来避免直接面对变化带来的困扰。

5.抑郁阶段

人们可能会感到失落、困惑和恐惧，他们可能会质疑自己在变化后的角色和价值，甚至可能会有后悔和内疚的情绪。

6.接受的阶段

人们开始接受变化，并开始积极地适应新的情况。他们可能会开始寻找解决问题的方法，以提高自己在新环境中的适应能力。

本节重点

无论一个人的适应力有多强，在面对工作的重大改变时，我们都会在变化曲线中进步。对自己诚实和有耐心是很重要的，特别是当你遇到挫折时。你在适应某种特定的变化方面做得越好，下一次就越容易克服，你就会更快地在变化曲线中前进。

缓解精神压力的九种方法

压力大已经成为都市人的通病，我们承受着生活、工作的压力，有时候心理状态调适不过来，就可能出现各种心理问题、还可能导致免疫力下降。精神压力过大导致心身疾病的案例屡见不鲜。研究发现，包括精神疾病、心脏病、糖尿病、癌症在内的很多疾病都与心理压力有关。

心理压力过大有哪些常见表现?

头痛：很多白领都患有偏头疼，其主要的根源就是压力过大、过于紧张。

失眠：过大的压力会引起失眠问题，并且随着压力的增加，失眠也会随之加重。

记忆力差：长期的压力会改变大脑神经细胞结构，损害记忆。

电脑狂暴症：在电脑发生故障后，会产生严重的焦躁不安的情绪，并将怒火发泄到电脑上的症状。

抑郁症：工作压力大和生活压力大导致抑郁症等疾病。抑郁是现代人中常见的一种精神心理疾病。

强迫症：过于追求完美、长期机械工作、压力过大，导致强迫症发病率不断升高。

感冒：压力也会导致你的免疫系统功能下降，外界的一些病毒以及病菌就很容易侵入体内，从而引发呼吸道疾病。

眼皮跳：如果长期处理比较细致的工作，就容易出现这种问题。用眼较多的人每20分钟应观赏一下窗外景色，也可以闭目休息，症状就会消退。

内分泌失调：女性的心理感受比较细腻，精神压力大，造成内分泌紊乱，进而出现卵巢早衰。

然而，压力实际上具有双面性。适度的压力可以激发我们在危急时刻快速反应，唤醒我们内心深处的无限潜能。例如，在考试或工作汇报前，许多人反而能在高压状态下高效完成任务，取得优异的成绩。又如，在面临危险时，有些人总能发挥出超乎寻常的力量，自救或帮助别人摆脱险境。

当然，当人体长期处于高度紧张状态时，这种“好的压力”也可能导致“坏的压力”，使身体进入“非稳态超载”的状态，即所谓的“毒性压力”状态。这时，人体很容易出现各种不适的症状，如严重的情绪波动、肠胃不适导致的体重增加或减少、失眠、脱发、肌肉量下降等。更为严重的还可能引发抑郁症、认知功能下降、女性乳房疾病、甲状腺疾病、高血压或低血压等问题，甚至可能诱发癌症。

我们在人生的不同阶段，都需要承受不同的压力。因此，学会如何抵御压力，降低压力对我们的影响，将压力值控制在一定范围内，尽量减少压力对我们的伤害，才是至关重要的课题。

接下来，让我们一同学习几种抵抗压力的方法吧！

1.驻足停留，调整呼吸

当让你感到沉重的事务纷至沓来时，先暂停脚步，然后深深地用鼻子吸气，缓缓地用嘴呼气。进行3~5组这样的呼吸练习，让心率逐渐平缓下来，从而有效地缓解当下紧张焦虑的情绪。

2.用冷水洗脸

用冷水洗脸，使面部降温，让思绪变得清晰。这是一种神奇的方式，能够让你从压力中解脱出来。

3.让身体保持一个舒适的姿势

解开紧身的衣物，或坐或躺在一个让你感到舒适的位置上，不需要用力支撑身体。放松身体，感受身体的重力下陷感，仿佛融入大自然的怀抱。

4.主动求助于他人

当某件事情让你感到巨大的压力且无力解决时，不要犹豫，勇敢地向有经验的人寻求帮助，让他们推进事物的进展，从根源上解决问题。

5.压力转移

试着听听动听的音乐、用力压一压球、奔跑在风中、品尝让自己感到幸福的美食、整理房间……放空自己，将注意力转移到压力以外的感觉上去。这样可以让你的心情得到舒缓，重新找回内心的平静。

6.坚持运动

运动是释放不良情绪的良方，它能够在减轻压力的同时塑造健美的身材。坚持运动不仅可塑形健体，还会释放一种区别于短期快乐激素（多巴胺）的长期愉悦的快乐激素——内啡肽，它是让你保持长期愉悦的快乐激素，在保持身体健康的同时，还可以长久改善精神状态！

建议：每周保持150~300分钟的运动时间，尽量将有氧运动（如跑步、跳绳、骑行、游泳等）与肌肉力量训练（如深蹲、平板支撑、哑铃、弹力带训练等）相结合。这样可以全面提升身体素质，增强抵抗力。

7.均衡饮食

血清素、多巴胺等激素很大一部分是在肠道中合成的，因此均衡膳食、保持肠道健康对于缓解压力、稳定情绪也有至关重要的作用。高热量、高脂肪、营养价值低的食物以及过量的高糖食物会使人精力不足、行动迟缓，从而影响情绪。所以要注意均衡饮食，每日适量摄入碳水化合物、蔬菜、水果以及丰富的优质蛋白。同时要减少油腻、高糖食物的摄入，多喝水、少摄取酒精，以保持胃肠道环境的健康。

8.保持社交

在马斯洛需求模型中，社交需求位于五个需求层次中的第三层，属于人类非常重要的基本需求。一旦脱离人群、社交减少，人们便会容易陷入不良情绪。所以除了日常重要经常见的人外，平时可以时不时给父母、朋友打个电话，周末到外面走一走，适当参加一些社交活动，保持一个良好的社交状态。

9.每天睡够8小时

人感到疲劳时就会缺乏耐心，情绪便容易激动。因此应尽量保持规律作息，减少轮班倒班和昼夜颠倒的情况。长期熬夜和昼夜颠倒不仅会影响情绪，对大脑和身体其他脏器的影响也很大。所以每天睡够8小时是很有必要的，应尽量保持规律作息时间。可以尝试睡前洗个热水澡、调暗室内灯光、点个香薰，等等，营造一个舒适的入睡环境。

本节重点

个体在认知、思考和评价客观事物时，要注意从多方面看问题，如果只从某一角度来看，很可能会出现消极情绪，产生心理压力，这时只要试着转换视角，就会看到另一番景象，心理压力也会得到缓解。

多听音乐，有助缓解压力

一天的劳累过后，人们常常感到身心疲惫，此时他们可能会打开音乐软件，然后慵懒地躺在床上。人们在与恋人激烈争吵后会感到沮丧，此时他们会选择听一些激昂的歌曲，以消除烦恼和愤怒。作家在创作时，也可能会选择播放平静、舒缓的音乐，以保持心境平和专注。这些都是利用音乐改善心理状态的方法。近年来，越来越多的研究表明，音乐在我们的日常生活中可以发挥非常积极的作用。

在哥德堡大学的一项研究中，研究人员发现，那些在经历压力时选择听音乐的人，相比那些不听音乐的人，能更好地缓解了压力。进一步的研究发现，听音乐能有效、长期降低皮质醇水平。皮质醇是我们面对压力时大脑通常会释放的一种激素。这表明，音乐对我们的心理健康有真正的生物学影响。此外，越来越多的研究显示，音乐是艺术治疗的重要组成部分，对缓解压力和焦虑有所帮助。另外两项相关的研究也显示，音乐能减轻癌症患者的焦虑和心脏病患者的压力。虽然音乐不是治疗压力或焦虑障碍的万灵药，但它确实是对抗日常压力的有效方法。

据音乐爱好者分享，巴赫的音乐能帮助人们抵抗浮躁，海顿的作品能对抗抑郁，莫扎特的音乐有助于改善失眠，贝多芬的音乐能够提振萎靡的精神，柴科夫斯基的音乐可对抗饥饿感，马勒的作品能驱赶瞌睡，拉赫玛尼诺夫的音乐则能缓解孤独……而布鲁克纳的音乐，据说能帮助我们应对吃醋后的不良情绪反应。

据研究人员称，为了有效地控制我们的情绪，我们应该在各种不同的情绪状态下倾听不同类型的音乐。

娱乐——用音乐保持或唤起积极的情绪。

恢复——用音乐来放松或获得能量。

消遣——用音乐忘掉不愉快的事情。

宣泄——用音乐释放消极情绪，比如愤怒。

寻求强烈的感觉——用音乐刺激我们的感官。

脑力劳动——从音乐中获得灵感或获得新的想法。

安慰——在经历悲伤事件后用音乐安慰自己。

这些都是我们听音乐的方式，音乐可以调节情绪，以积极的方式引导我们。

在一项研究中，研究人员对200多名参与者描述的事件进行了分析，结果发现这2297个事件中，约有30%与音乐有关。音乐如同饮食和睡眠一样，普遍存在于人们的生活中。在这些与音乐相关的体验中，高达67%的人报告说音乐改变了他们的情绪，而且，通常音乐都能引发积极的情绪变化。研究者发现，当人们选择听自己喜欢的音乐而不是他人推荐的音乐时会产生最明显的效果。然而，值得注意的是，有些人可能会选择不同类型的音乐，这主要取决于他们听音乐的目的。另一项研究显示，相比听刺耳音乐的人，那些在锻炼时听激励人心的音乐的人更可能长期坚持健身，也更愿意帮助他人。这并不是说某些类型的音乐比其他类型的音乐更能维护健康，只是说明不同类型的音乐具有不同的效果。如果你想放松，也许可以试试听一些舒缓的古典乐曲；如果你想在比赛前鼓舞自己，也许最好听一些节奏快的电子音乐或嘻哈音乐；如果你想宣泄怒气，也许可以试试听一些重金属音乐。

压力与躯体症状之间存在密切的联系。例如，压力能导致免疫系统的衰弱，使我们对病毒和疾病更为敏感。这是因为压力会给我们的身体带来重大负担。因此，北卡罗来纳大学的心理学家芭芭拉·弗雷德里克森认为，音乐在减轻压力、促进身心健康方面有着不可忽视的作用。一项研究发现，舒缓的音乐能够激活副交感神经系统，这一系统负责休息和消化，并能抑制体内的过度兴奋，从而能使血压和心率的下降，以及重要器官的血液流动增加。其他研究也表明，欢快的音乐能够帮助我们减少身体疼痛和不适的感觉。

简而言之，音乐是一种很好的放松方式，让我们的身体处于一种更安静、更有活力的状态。

本节重点

在日常生活中，音乐扮演着不可或缺的角色。它可以是你清晨的闹钟，也可以是你午后的小憩；它可以是你工作时的背景音乐，也可以是你运动时的鼓劲歌曲。然而，如何才能更好地利用音乐，让它为我们的生活增色呢？首先，你需要了解各种音乐类型的特征，知道它们在何种情境下能够带来最佳的体验。接着，尝试将这些音乐融入你的生活，无论是在咖啡馆、公园，还是在通勤的路上，你都能感受到音乐带来的愉悦和放松。只要你能恰当地聆听音乐，那么它必将提升你的幸福感和生活质量。

坚持不需要理由，需要正向反馈

20世纪，制造牙膏的公司赚不到利润，因为人们并没有养成刷牙的习惯。一方面是相关的知识没有普及，一方面是牙膏里没有能让用户明显感知有效的成分，比如薄荷，用户看不到即时效果就难以坚持。

当牙膏公司意识到了这一点之后，就开始在牙膏中加入正向反馈，比如丰富的泡沫、凉爽的薄荷、各种口味，等等。因此刷牙的人数大幅增加，这不仅减少了口腔问题的发生，牙膏公司也获得了巨大的利润。从中我们可以得到一些启发，对于我们个人的成长来说，有些事情，比如早起、读书、运动，我们很难坚持下去的原因，就在于我们没有让自己得到正向反馈。

换言之，当你坚持做的事情未能带给你实质的成就感，例如金钱回馈、地位提升、有效收益或尊贵荣誉等时，你的潜意识会认定自己的行为毫无效果，进而不再愿意继续坚持下去。正向反馈实际上是一种积极的激励方式，它为何能带来良性结果呢？

在我们的大脑中存在一种叫作多巴胺的脑内分泌物，它是于1957年被发现的一种神经传导物质，负责在神经元、神经和其他细胞之间传递信息，能够传递兴奋和愉悦的信息，使我们的大脑产生愉悦感，甚至在某些行为上成瘾。而正向反馈正是为了加速多巴胺的分泌，让我们的大脑保持愉悦的状态，创造一个良好的发展环境，给予我们更强大的动力去坚持完成某项任务。

然而，要获得正向反馈的长期机制并非易事，我们需要重视并努力获得两种类型的正向反馈：及时的和持续的。前者帮助我们建立良好的自律循环状态，后者则帮助我们坚持完成直至成功。如果我们无法获得及时的正向反馈，就非常容易半途而废，从而得出“我不行”“我不适合这个行业”以及“我搞砸了，别人正在笑话我”等一系列负面结论。

仅仅获得及时的正向反馈还远远不够，我们还需要持续的正向反馈，因为任何事情的成功都不是一蹴而就的，我们必须找到方法让自己稳步向前。大多数使我们变得更好的特质都是反人性的，比如健身、工作和减肥等，因此我们很容易缺乏持久性，做着做着就会放弃。拥有持续的正向反馈就是为了对抗这种逐渐放弃的心理。

仔细观察就会发现，许多学霸不仅成绩优秀，而且性格开朗自信、为人豁达大度。这是因为他们在成绩上获得了持续的正向反馈。这种反馈可能是老师的夸奖、同学的羡慕、家长的认可，或者是获得的各种证书、荣誉和奖学金等。总之，学霸在成绩上获得正向反馈后，他们的成绩会进一步提高并获得更多正向反馈，这样在一个持续的良性循环中，学霸所建立的自信和成就感远比普通人更加强大且持久，促使他们始终保持优秀。

实际上，许多人都深知正向反馈带来的益处，只是苦于无法建立这种及时的、持续的正向反馈。然而，我们不必为此感到焦虑，因为那些被我们忽视的小方法其实非常有效。

1.自我奖励

我们可以为自己设定一些合理的奖励机制。例如，如果你这个月没有迟到早退，拿到了全勤奖，那么你可以用这笔钱给自己买一个心仪的包或者一件大衣。又或者，如果你能够提前完成老板布置的任务，那么可以允许自己享用一顿丰盛的大餐。再或者，如果你能够将这个月的工资储蓄起来，没有乱花一分钱，那么可以奖励自己一个假期旅行。这些奖励应该根据你的实际需求来设定，你平时想做而没时间做的、想买而不舍得买的、想去而拖着没去的，都可以当作你的奖励。因为这些是你内心深处渴望的，所以可以激发你更好地坚持完成目标。而奖励本身也是一种正向反馈，它让你感受到，坚持完成自己设定好的目标，是能够得到有效回馈的，因此更容易坚持下去。

2.积极励志

适当地励志也是非常有帮助的。在我们的生活中，总会有一些灰色地带让我们陷入不思进取的状态。因此，我们不应该抵触成功学，也不应该抵触鸡汤。我们应该定期阅读一些励志的书籍或者文章，以此来促进我们大脑正向思维的运转，保持向上的精神。当我们感到没有动力的时候，往往是因为我们感到迷茫，不知道该如何去做事情。通过阅读成功人士的事例，你可以感受到一种舒畅感：原来他们也有过迷茫的时刻，原来他们是通过这种方法坚持的，原来我经历的他们都经历过，还总结出了方法，原来还有这么多新奇的事物和经验……这种舒畅感就像打通了“任督二脉”，会让你重新充满力量。

3.持续地复盘

古今中外的成功人士都是复盘的高手。复盘是从围棋中借来的一个术语，本义是下完一盘棋之后，要重新在棋盘上将刚才的过程走一遍，看看哪一步下得好，哪一步下得不好，哪些地方可以有不同甚至更好的下法。其实就是把自己做过的事情重新梳理和思考，包括回顾、反思和总结，从而发现事件的优势与不足，进而找原因、找方法、找规律，下一次遇到相同事件时，可以做到更好，避免犯同样的错误，避免接收到消极的反馈。

4.保持正向思维

正向思维是我们应该尽量避免消极思维带来的影响。不是说我们不能有消极的情绪，而是我们不能让这种情绪大面积地吞噬我们。我们要获得正向反馈，就要想办法避免负向反馈。人千万不能一边不改变还一边抱怨，过得既矛盾又痛苦，这种负面的能量迟早会压垮你，让你每日都活在不如意之中。

本节重点

正向反馈对于我们有非常明确的积极效果。无论是用于自律，还是助力成功，甚至在亲密关系中，都有着无可替代的作用。人的本能是趋利避害，只有得到愉悦感、舒适感、兴奋感、控制感，才有动力去继续下一步，去形成一个比较持久的自律习惯，从而完成自己的目标。只有这样，你才能够看到自己的价值。

第七章 打开自我关怀模式，保持最佳内在状态

维护脑健康，走向舒适精神生活

我们深知大脑健康与心理健康之间存在紧密的联系，它们相互影响并相互促进。在现代社会中，面对高压的生活环境，我们有必要深入探讨大脑健康对心理健康的影响，积极参与和推广大脑健康管理，以提高生活的幸福指数。

1.脑健康与心理健康的关系

在探讨脑健康与心理健康之间的关系时，我们必须认识到两者间的密切关联。大脑通过神经系统和内分泌系统等多个信号传递系统，协调人体内部的运作，进而影响各种生理和心理功能的发挥。因此，我们可以得出结论：脑健康对于心理健康至关重要。

大量的研究已经证实，脑健康问题可能导致心理健康方面的问题，如焦虑、抑郁和注意力不集中等。此外，我们也不能忽视心理因素对脑健康的影响。情绪低落和长期的压力可能会导致大脑中海马体的萎缩，从而影响记忆力。

脑健康与心理健康之间存在着相互依赖的关系。良好的脑健康管理可以减轻压力、改善睡眠质量、促进身体活动并增加社交互动，从而提高心理健康水平。相反，也可以通过积极的社会互动、自我调节和认知训练等方式来提升脑健康水平。

2.脑健康对心理健康的积极影响

维护良好的脑健康状况对于心理健康的重要性不言而喻。通过有效的脑健康管理，个体能够保持良好的情绪状态，减少负面情绪的影响，并提高智力以及应对压力的能力。这种积极的心理状态有助于提高幸福感，保护神经系统和细胞，提高生活质量，并减少焦虑和低落等负面情绪。

积极参与适当的社交活动和体育活动是促进积极情感体验的有效途径。这些活动可以帮助个人积累积极的情感经验，从而提高身体健康和心理健康方面的自信心和能力。此外，长期的身心压力会导致焦虑和抑郁情绪的出现。通过有效的脑健康管理，包括良好的睡眠、健康饮食、充足的体育锻炼和心理放松等方法，可以减轻身心压力，减少焦虑和抑郁情绪，帮助个体更好地适应现代生活的节奏。

脑健康管理还能提高个体的认知能力，从而降低与年龄相关的认知障碍的发生风险，如老年痴呆症。在学习和工作中，提高认知能力后，个体能够更有效地学习，保持专注力，并基于新知识和技能提高效率。此外，积极参与社交活动也有助于养成积极的心态，克服抑郁和社交孤独带来的负面影响。

3.保持脑健康的方法

（1）保持充足睡眠

良好的睡眠对于大脑的恢复和休息至关重要。每个人的睡眠需求可能不同，但一般来说，成年人每晚需要7～9小时的睡眠。为了建立良好的睡眠习惯，我们应该有规律的作息时间和起床时间，创造一个舒适安静的睡眠环境，睡前避免使用电子产品。

（2）适量运动

适度的身体运动可以促进神经元生长，增强身体功能，提高心理兴奋性和抗压能力。我们可以选择适合自己的有氧运动，如跑步、骑自行车、游泳和健身等。制订详细的锻炼计划并选择适当的运动强度和项目，是获得良好效果的关键。

（3）冥想

放松和冥想可以帮助减轻身心压力，在短时间内提升注意力和精力。有效的放松方法包括有意识地进行呼吸练习、瑜伽、冥想等。

（4）营养充足

提供充足的营养对于大脑的正常运作至关重要。我们的日常饮食应包含多种水果、蔬菜、全麦面包、鱼和瘦肉类食物，以促进大脑健康。此外，摄入足够的水分也有助于提高注意力。

（5）积极社交

积极的社交对脑健康有着积极的影响，能够减轻抑郁情绪并增强适应社会环境的能力。健康的社交计划可以包括参加各种社交活动，与朋友、家人和同事保持联系等。积极参与社交活动，可以促进脑健康。

4.心理健康和脑健康的相互促进

心理健康不仅会对脑健康产生影响，良好心理状况也可以成为脑健康的保护因素。研究表明，心理健康状况良好的个体通常拥有更好的记忆力和学习能力，而疏导负面情绪，可以减少紧张状态对大脑产生的负面影响。

保护大脑也有助于改善心理健康水平。良好的饮食习惯和运动习惯，可以减轻压力，减少脑部衰退的风险，从而提升个体的心理健康水平。

本节重点

确保神经系统的健康需要均衡的饮食和积极的生活方式，这包括避免摄入反式脂肪、酒精以及其他有害化学物质。同时，学会管理压力和情绪对于身体健康状况也至关重要。此外，某些运动对神经系统有特殊益处。

不对别人的情绪负责，是最好的自我关怀

“情绪拯救者”的含义是：当我们发现他人可能陷入不愉快时，我们会立刻想要采取行动来阻止这种情况的发生。我们将他们的情绪负担放在自己身上，认为自己对他人的情绪负有责任。

在我们的日常生活中，我们可能会不自觉地扮演“情绪拯救者”的角色。然而，可能我们倾尽全力，也无法让别人真正感到快乐。这是因为我们的认知决定了我们的情绪。当你试图改变他人的情绪时，你需要问自己一个问题：他们的不快乐是因为我，还是因为他们自己的问题？相信你会很快找到答案。

心理学家加利·斯梅尔在美国洛杉矶大学医学院进行的一项心理学实验为我们提供了一个有趣的视角。他让一个乐观开朗的人与一个郁郁寡欢的人同处一室，结果令人惊讶的是，不到半个小时，这个原本乐观的人也开始唉声叹气起来。通过进一步的实验，加利·斯梅尔发现只需要20分钟，不良情绪就会在不知不觉中传染给别人。

人的坏情绪就像病毒一样，具有很强的杀伤力和传染性。因此，我们应该尽量避免接触别人的坏情绪，以保护自己的心理健康。善待

自己最好的方式就是远离别人的消极情绪。

一个人最清醒的认知是明白别人的情绪与自己毫无关系。在现实生活中，我们常常感到疲惫不堪，因为我们不仅要管理自己的情绪，还要被动地承受他人的情绪。当我们花费大量时间和精力去消化他人的情绪时，留给自己的时间就变得寥寥无几了。每个人的承受能力都是有限的，负面情绪过载的人必然会有崩溃的一天。

我们应该关心和体谅他人，但前提是要确保自己的情绪舒畅。因此，不要盲目地将他人的情绪置于自己身上。要学会不在乎，生活才会变得轻松。聪明的人从不为他人的情绪买单。

人生的烦恼来自于我们忘了自己的事、爱管别人的事以及担心老天爷的事。要活得轻松自在很简单，只需打理好自己的事，不干涉他人的事，不必操心老天爷的事。情绪也是如此，我们无法左右他人的情绪，就像无法决定天是否会下雨一样，我们只能掌控自己的情绪。所以，与其在他人的情绪中患得患失，不如专注于过好自己的生活。

哈里斯是一位著名的专栏作家。有一天，他和朋友在街上闲逛时路过一家卖报纸的小摊，买了一份报纸并礼貌地说了声“谢谢”。然而令人意想不到的是，摊主立刻摆出一副傲慢的表情。尽管如此，哈里斯并没有在意，很快便和朋友离开了。走了一段路后，朋友忍不住问他：“你不觉得刚才那个摊主的态度很差吗？你不生气吗？”哈里斯回答道：“我每天都会在他那里买报纸，他一直是这样的表情，没什么。”朋友更加惊讶了：“既然如此，你为什么还要跟他说谢谢呢？”哈里斯微笑着说：“我们何必让别人的情绪影响自己的心情呢？”

人与人之间的互动可以被理解为一种能量的交换。有些人就像行走的垃圾车，他们身上充满了各种负面情绪。当他们需要倾倒这些情绪时，可能会将它们传递给你。然而，你可以选择是否接受这些情绪，主动权完全在你自己的手中。摆脱“情绪拯救者”的角色，我们需要做到以下五点：

1.学会设定个人边界

我们应该明确自己的需求和底线，不要为了取悦他人而牺牲自己的情绪和健康。当他人试图将他的负面情绪转嫁给我们时，我们可以适度地表达理解和关心，但同时也要坚定地告知对方我们目前无法承受或解决他们的问题。与此同时，我们需要坚守自己的底线，不容许他人侵犯我们的底线或伤害我们的情绪。

2.不要试图解决问题

当我们关心的人非常焦虑、悲伤或沮丧时，我们很容易认为，需要帮对方解决问题。然而，如果我们有经验，会发现为非常焦虑的人提供建议通常没有帮助。如果我们不是将情绪视为问题，不是去解决它，而是将其视为一种状态，试着去了解它，这反而是大多数正在经历强烈痛苦情绪的人所需要的。

3.培养积极的沟通方式

与他人交流时，我们可以通过积极倾听和有效表达来建立良好的沟通。积极倾听意味着关注对方的感受和需求，给予他们真正的关心和支持，同时我们也要学会有效地表达自己的感受。当他人试图将过多的情绪倾泻给我们时，我们可以委婉地告知对方我们目前无法提供帮助，或建议他们寻求专业的支持。

4.承认自己的情绪

被别人作为情绪垃圾桶时，我们往往会下意识地否定我们被别人影响了情绪。这也是我们的痛苦源泉。要注意管理自己的情绪，承认自己的情绪，让自己尽快从别人的影响中恢复。

5.记住这不是你的责任

简而言之，因为你无法控制某人的感受，所以你不需要对他们的感受负责。当你从自己身上卸下过多的责任时，你会发现轻松了很多。当你不再期望自己缓解他人的情绪时，你就不会被他人影响。

本节重点

生活的意义，并非为他人的情绪寻找出口，更关键的是为自己寻找生活的出路。我们的人生是自己的，不应被他人的负面情绪所填满。无论他人如何评说，在这个喧嚣的世界中，我们首先应满足自身的需求。我们必须时刻铭记：对自己负责，才是我们一生中最重要的责任。

专注于自己的内在提升

有主见的人，从不过多在意他人的眼光。庄子曾言：“举世誉之而不加劝，举世非之而不加沮，定乎内外之分，辩乎荣辱之境，斯已矣。”意指无论世界对他如何评价，他都能保持内心的平静与坚定。

战国时期的苏秦是一个典型的例子。他曾游历于各国，渴望一展抱负，但始终未能得到赏识。当他回到家乡时，全家人都嘲笑他，妻子不愿与他交谈，嫂子不给他做饭，父母也冷落他。然而，即使面对至亲的不屑和嘲讽，苏秦从未认为自己一无是处，他并没有自暴自弃。相反，他在家发奋读书一年，用锥刺股，血流至足。最终，他得到了燕文公的赏识，提出了六国合纵以抗秦的策略，并组建了合纵联盟。他手握六国相印，使秦国在15年的时间里不敢出兵函谷关，留名青史。

有主见的人通常能够清晰地认识到自己的目标，专注于实现自己的理想，不被外界的干扰和评判左右。他们不会被世俗的眼光所束缚，而是坚持自己的信念。《犹太致富金律》中有一条重要的金律：不要迷失自我。只有建立起对自己正确的认知，我们才能不被外界的干扰所左右，保持内心的坚定。

在《反脆弱》一书中，纳西姆·尼古拉斯·塔勒布探讨了如何应对不确定性，并区分了两种不同的生活方式：观光客和漫游者。

观光客倾向于用系统化的方式消除事物的不确定性和随机性，以确保生活的高可预测性和便利性。他们追求舒适、效率和按部就班的生活。相反，漫游者则随时根据新信息重新制订计划。他们拥抱生活中的随机性，并善于抓住随机事件带来的机遇。

塔勒布认为，我们应该努力成为漫游者，而不是观光客。漫游者比观光客更具反脆弱性，更能应对不确定性。值得庆幸的是，我们现在似乎越来越接近漫游者的状态。

当你将希望寄托在他人身上时，世界会变得动荡不安；而当你将希望寄托在自己身上时，世界则会变得更具确定性。

将自己的希望寄托于自身是一个重要的因素。内在力量可以被简单地理解为积极的情绪状态和积极的思维习惯。

心理学领域的研究表明，内在力量与遗传有关，但平均而言，一个人只有约三分之一的内在力量是与生俱来的，其余三分之二则是在成长过程中不断获得的。换句话说，我们都可以通过努力来获取更多的内在力量。

拥有充沛的内在力量意味着即使环境变得艰难或生活变得困难，我们仍然可以过得很好。因此，我们应该致力于培养和发展自己的内在力量，以更好地应对不确定性和变化。

那么，我们该如何获得内在力量呢？

美国著名的神经心理学家里克·汉森总结了三种基本的训练方法，它们分别是接纳、放下和培育。

首先，接纳是指觉察并接受自己当下的体验（感受、情绪和想法），允许它存在，感受它、观察它、探索它。我们所有情绪的产生一定是有原因的，并且这个原因一定是可以找到的。只要我们了解情绪产生的原因，找到隐藏在每一种情绪背后的诉求，我们就可以管理好自己的情绪，让生活变得可控。

其次，放下的练习可以从三个层面来进行。第一，放松身体。当我们处于负面情绪之中的时候，我们的身体是紧绷的、紧张的。通过主动放松身体，我们就可以从生理层面降低情绪反应。当情绪出现的时候，可以尝试深呼吸。把注意力集中在呼吸上，你会很快平静下来。第二，把情绪表达出来。当我们有负面情绪时，如果能够把自己的感受表达出来，它在一定程度上也能缓解我们的情绪，会让我们的感受好一些。第三，与头脑中的负面想法拉开距离。更为专业一点儿的说法称为认知解离。当情绪来临的时候，要有一种很强的觉察意识，不断提醒自己：这种情绪不是我自己的，是外来的东西，我只是在看着它，它来了，又走了。

最后，培育是指主动唤醒积极的和有益的体验和想法。前面两个练习可以帮助我们降低消极偏见的影响，也就是当消极情绪出现之后，我们可以让它们停留的时间短一点儿。让情绪得到释放，这样它们就不会被记录在我们的大脑之中。只要你每天坚持花些时间去关照自己的内心世界，进行相应的练习，那么你就会慢慢拥有更多内在力量。当你的内心逐渐充盈之后，让你感到焦虑和痛苦的内在基础就会减弱，你就能更好地应对生活中的困难，也会拥有更强的行动力和创造力。

本节重点

《肖申克的救赎》中有一句台词：“心若是牢笼，处处为牢笼；自由不在外面，而在于内心。”生命转瞬即逝，我们能做的就是探索自身，寻找真相，认可自己的价值，对自己的能力有清晰的认知，以自洽的人生观和世界相处。

按下思维反刍成瘾的暂停键

在深夜，你是否曾经翻来覆去，心绪不定，脑海中回荡着过去的种种尴尬、羞耻和悔恨的场景？

那件事太尴尬了，我真的后悔得要死。

今天我的方案讲得太糟糕了，为什么我就是无法做好呢？

老板当众否定了我的方案，如果早知道就不该接受这个任务。

……

一遍又一遍地回想着这些，你会不由自主地陷入思考的旋涡中，难以自拔。这些声音不断告诉你——“我是个失败者！”这些念头固执地盘踞在你的脑海里，让你不仅没有获得情感的宣泄，反而感到更加痛苦和悲伤。

你现在正陷入了一种叫作“反刍思维”的怪圈中……

什么是反刍思维？

反刍思维，顾名思义，是指个体在经历负性事件后，会不自觉地反复思考这些事件的意义、原因和后果。这种思维方式最早由心理学家苏珊·诺伦-霍克西玛提出，她认为具有反刍思维的人倾向于将自己与他人隔离，过分关注自身的消极情绪、消极情绪带来的结果、自身的行为和想法。

反刍思维实际上是一种适应能力较差的认知情绪调节策略，它是一种自动化的、非适应性的抽象思维。它的特点是以自我为中心、以过去为主导、专注于负面内容，容易陷入无法自拔的恶性循环。

那么，如何判断自己是在反省还是在反刍呢？曾子曾经说过：“吾日三省吾身。”反省是一种有益的方法，可以帮助我们认识错误并从中吸取教训，从而在未来表现得更好。而反刍则会唤起负面情绪，容易产生回避策略，阻碍我们解决问题。

那我们要怎么分辨自己是在反省，还是陷入了反刍思维呢？

我想邀请您参与一个小实验：请试着回想您最近的一次尴尬、失误或被否定的经历，比如在汇报工作时说错了话，或者在考试中没有发挥出正常水平等。在回想过程中，无须刻意控制自己的思绪，可以尽量放松身体和思维。

完成回忆后，我将向您提出以下问题：当您回想起这次失败经历时，您的下意识反应是什么？更符合以下哪种情况？

回顾整个事件，对结果略有遗憾，但告诉自己下次要做得更好；思考问题出现的原因以及下一次如何更好地推进任务，如何才能更好地达到目标？

还是纠结于自己的某个行为或话语非常不合时宜，越想越懊悔和自责；认为自己的行为总是让人讨厌的，只想尽快将这段回忆从脑海中驱赶出去？

反省的视角是全面的，包括正向经历和情绪，也包括负面经历和情绪。这个过程是对过往事实进行客观描述，即当时发生了什么？我做出了什么样的决定？行动的结果是怎样的？我们关注的是事件本身，不会影响对自我价值的判断。通过反省，我们可以了解事件的全貌，从而能够更好地改进并实现目标。

反刍思维不只是让平日的生活疲惫不堪，严重时还会危害你的身心健康。

1.增加某些疾病的风险

研究表明，反刍思维与抑郁症、酒精滥用、广泛性焦虑障碍、强迫症、创伤后应激障碍以及神经性贪食症等问题均存在相关性。

2.形成不合理认知

反刍不仅会加剧心理痛苦，延长痛苦持续时间，还会占用人们的情感及精神资源，造成认知损伤。与此同时，反刍思维中往往也会包含很多不合理的认知，例如过度概括、绝对化等。

3.引发社交焦虑

反刍者对他人的依赖性更强且更易具有攻击性，这会使他们较难获得积极的社会支持，加剧人际紧张关系，引发社交焦虑，他们甚至可能无法履行社会责任。

在出现反刍思维时，我们应该如何应对？当我们对负面事件的思考频率和情感强度不断加大时，努力打破这种思维方式是非常重要的。以下是一些稳定情绪的方法，可以帮助你按下思维反刍的暂停键。

1.分散注意力

每个人的认知资源都是有限的，很难同时关注两件事情并进行信息加工。反刍也需要消耗认知资源。因此，当意识到自己又开始不自觉地陷入反刍思维时，可以尝试做一些令人愉快的事情来转移注意力。如观看搞笑的脱口秀节目，出门散步、遛狗，整理家里的卫生，调动全部感官去感受和体验。这些分心的做法可以让你摆脱反刍思维，同时也能让你专注于感官体验，远离虚幻的想象和回忆，回到现实。

2.改变视角

如果你习惯在反刍和沉浸时以自己为中心，可以尝试以旁观者的身份看待整个事情。不要总是以“我”为出发点，而是试着以“他/他们”的角度来思考。比如：为什么“他”在这种情况下做出这样的选择？“他们”之间的争执是如何爆发的？分歧是什么？通过这种方式，你可以激活大脑中负责处理他人和认知的区域，抑制以自我为中心的情绪体验，从而解脱出来。

3.远离消极人群

身边有消极思维的人会影响你的思维状态。加利福尼亚大学的研究员霍华德·弗里德曼和罗纳德·雷吉奥发现，如果视野内有焦虑且表现力强的人，不论他是否说话，你都很有可能被他们的负面情绪所感染，并且你的大脑运行也会受到影响。与压抑忧愁的人频繁接触意味着负面情绪和压力的“传染”会变得异常迅速。如果你不愿意被动陷入焦虑、悲观的循环中，那么请尽快远离消极人群。反刍思维不会产生任何积极的行为改变，只会耗尽我们的能量。要告别反刍，需要更加真诚地面对自己并接受自己。

本节重点

可以尝试着利用表达性写作改善反刍思维。表达性写作就是把那些负面情绪都清楚地写下来。为什么是写下来而不是说出来呢？写出来除了可以表达出情绪以外，还有个特点就是——慢。慢下来以后，我们对问题的理解和认识会更加清晰，并且文本语言会比思维的片段更完整一些。表达性写作还有一个好处：你可以借助写作来将这个问题描述得更加清楚。根据吉德林法则，如果你可以将问题描述清楚，那么这个问题就已经解决了一半。

倾听来自内心的声音

苏格拉底是古希腊的伟大哲学家，他的座右铭是“认识你自己”。他认为人类心灵内部已经包含了与世界本原相符合的原则，因此我们需要从自己的心灵中去寻找这些原则。我们每个人的一生都是不断认识自己的过程，只有了解自己，倾听自己内心的声音，才能拥有更多的可能性。

老子在《道德经》中也有类似的观点：“知人者智，自知者明。”这句话告诉我们，人不仅要始终保持探索外在世界的好奇心，还要怀有常常审视自我、不断认识自我的清醒自觉。只有这样，我们才能成为洞明世事的智者。

重视自己内心世界的建设，懂得与自己的心灵交谈，倾听自己内心深处的声音，这是认识自己、保持清醒和自觉的重要方式。

弗洛伊德在1923年出版的《自我与本我》一书中，他把人格分成本我、自我和超我三个组成部分。他认为人格的这三个部分是经常发生冲突的。

1.本我

本我，就像一台老式留声机，播放着最原始的旋律，这是我们生命中最本能、最直接的反应。它是欲望的海洋，饥饿、愤怒、性欲等声音都在其中回荡。本我位于人格结构的底层，由先天的本能、欲望所组成，如同一个无尽的能量系统，包括各种生理需要。在本我的世界里，没有理性，没有社会道德，只有混乱无序的冲动。本我只有一个原则——享乐原则，追求生理需求的满足，让感官沉浸在享受中。

2.自我

自我，如同一位理性的调解者，逐渐从本我中分化而出。它位于人格结构的中间层，主要作用是调节本我与超我之间的矛盾。一方面，自我尽可能地满足本我的需求，另一方面，它又受到超我的严格监管。自我遵循现实原则，以合理、有效的方式满足本我的要求。自我意识的存在和觉醒，让人自问：“我是谁？我从哪里来？我将向哪里去？”

3.超我

超我，位于人格结构的最高层，是道德化的自我，由内化的社会规范、伦理道德、价值观念构成。它是我们人格中的道德部分，负责监督和指导我们的行为，使我们的行为符合社会规范。

超我的形成是个体社会化的结果，它遵循道德原则，有三个主要作用：第一，抑制本我的冲动。超我会审查我们的行为，确保它们符合社会道德标准，如果有任何不符合标准的行为冲动，超我会将对其进行压抑和制止。第二，对自我进行监控。超我不断检查我们的行为和思想，以确保我们按照道德原则行动，如果有任何违反道德的行为或想法，超我会将对其进行惩罚。第三，追求完善的境界。超我是我们内在的理想化自我，它引导我们追求完美的行为和思想，使我们成为更好的人。

超我是我们灵魂的守护者，它帮助我们理解自己的价值和使命，让我们明确自己的生命目标，并引导我们朝着自己的理想化目标前进。

4.本我、自我、超我相互关系

本我是我们内在的本能，它代表着我们的生物需求和欲望。超我是我们的理想化目标，它代表着我们的内在理想和价值观。自我则是二者发生冲突时的调解者，它负责平衡我们的内在需求和理想，使我们能够在现实中生活得更加和谐和有意义。

当个人承受的压力过大时，自我会启动防御机制来减轻焦虑。这些防御机制包括压抑、否认、退行、抵消、投射、升华，等等。通过这些防御机制，自我能够帮助我们应对生活中的挑战和压力，保持心理平衡。

实际上，倾听内心深处的声音，就是倾听来自超我的声音。

那么，我们应当如何倾听自己内心的声音呢？

1. 关注自我的情感体验

关注自己对不同事物的情感反应是了解自己的关键。通过观察自己对各种事物的情感反应，如快乐或烦恼，我们可以更深入地理解自己的情感反应，并明确引起焦虑、快乐等情感的根源。尝试深入探索自己的内心，聆听内心深处的渴望，让自己回归，让心灵回归。

2.尝试一些新事物

做一些计划外的事情可以让我们拥有更多的主动性。例如，尝试吃一次不健康的食物或者熬夜。这些行为可能会超越我们的舒适区，却可能帮助我们更好地理解内在的自己，并为生活找到新的方向。如果你对某件事情感兴趣，但它超出了你的计划，那就勇敢去尝试吧。

3.不要让太多事情干扰你的选择

我们的生活被各种信息充斥，我们的大脑也被工作和生活的各种事件占据。因此，每当我们做某种选择时，总会不由自主地考虑各种因素，常常会出现选择困难。试着抛开这些干扰，聆听自己的声音，这样才能认清内心最本质的需求。

4.静心冥想，向内探索

保持宁静平和，专注于此时此刻，心无旁骛，摒除杂念。通过冥想的方式，我们可以让自己的内心得到平静与安宁，远离纷扰喧嚣的世界，聆听内心的声音。

5.识别来自本我、自我和超我的声音

在我的内心中存在着三个声音：本我、自我和超我。我们需要学会辨别它们之间的差异和联系，排除外界的干扰，聆听内心深处真实的声音。

6.停止过度思考，开启心声按钮

停止用脑思考，开启“走心”模式。停止自我评判、批判，闭上眼，对自己敞开心扉，用心聆听。关闭外来声音干扰，向内探索感受内心。在面对重要决策时，不要过于依赖理性思考，而是要学会放下偏见和成见，倾听内心的真实想法和感受。

本节重点

倾听自己的内心，就是在纷繁复杂的生活中找寻自己的节奏，更是寻找内在成长的动力。这是找到“我是谁”“我要去哪里”的答案，弄清楚自己该如何实现目标的关键。

检视内在动机和外在动机

在面对相同任务时，为什么有些人可以充满热情地去做，结果很好；有些人需要别人的激励才能去做，结果还不错；而有些人则必须被强迫才去做，且效果却很差？最明显的例子是学生在学习时的态度差异，导致了不同的学习成绩。最明显的差别在于他们的动机。

德西与瑞安共同创立了影响深远的动机理论——自我决定论。德西在刚成为心理学博士的时候，就发现儿童在出生后的几年里，对世界充满了强烈的好奇心，如同海绵般渴望吸收新的知识。然而，许多孩子在学校中逐渐失去了学习的动力。因此，德西主张我们不应该问“如何激励他人”，而是应该思考“如何激发人们的自我激励”。他认为，来自外界的奖励或惩罚对我们的提升并没有太大的作用。

为了验证自己的想法，德西选取了一群学生，让他们玩一款名为“索玛”的拼图游戏。这款游戏由七块形状各异的积木组成，按照特定的组合方式，这七块积木可以拼接成一个长宽高一样的立方体，或者按照自己的想法拼成各种各样的模型。因此，这款游戏深受孩子们的喜爱。

德西将学生分为两组，一组学生在成功拼出一个图案后会得到1美元的奖励，而另一组则没有任何奖励。实验开始后，所有学生都在专注地拼接。大约半小时后，工作人员告诉学生实验结束，并离开实验室。

这个实验主要的观察内容，正是在工作人员离开后的这段时间，学生会做些什么。结果显示，那些获得奖励的学生，一旦没有了奖励，便不再继续玩这个游戏，即使他们之前很热衷。而那些并没有获得奖励的学生，依旧愿意花时间去拼接各种各样的模型。这个实验在一定程度上表明，金钱奖励会削弱学生的内在动机。

其实该实验还有一个续集，德西将1美元的奖励换成了惩罚，只要学生没有完成拼图便会被扣分。实验结果表明，那些被扣分的学生，实验结束后便不再玩了；而那些什么都没有被要求的学生，还愿意接着玩拼图。这初步验证了“外部惩罚会削弱内在动机”。当然，单次实验具有偶然性。在对128项实验进行审慎的调查分析后，德西发现，这些研究数据无一不在证明“外界奖励确实会削弱内在动机”。

后来，斯坦福大学的马克·莱珀研究团队发现，还有更多的因素会引发类似的负面后果，例如最后期限、强加的目标、监督和评估。这些措施可能短期内有一定效果，但从长远来看，其实都会逐步侵蚀我们的内在动机。

德西研究发现：人做事的基本心理需求是：自主、胜任、联结。只有满足这些需求，才能发展出人的内在动机。

1.关于自主

自主作为人类的基本心理需求，其核心理念是自我主导，不受他人控制。每个人都渴望能够自由地做出选择，而非被外界强制安排。

我有一个习惯，每个周日都会整理自己的房间，把地面打扫得一尘不染，把桌子上的物品摆放得整整齐齐。然而，一旦家人要求我打扫自己的房间，我就会变得非常不情愿。我们每个人都希望自己能掌控自己的人生，而不是成为被外界操控的棋子。

2.关于胜任

胜任是人类的第二个基本心理需求。我们都愿意去尝试那些能带给我们成就感的事情。为了激发我们的行动力，外界常常会给予我们一定的奖励。但每个人的能力和兴趣都不尽相同，而且外界认为重要的事情，并不一定是我们真正关心的。比如，许多人都认为赢得冠军是奥运会最重要的事情。但对于一些运动员来说，他们更看重的是全力以赴，展现出最好的自己。

3.关于联结

除了自主和胜任这两个关键要素，人们还需要得到社会的认同和支持，这可以被视为一种联结。简单来说，这是一种对爱的需求和对被爱的渴望。为了能够与他人建立联系，在我们还是孩子的时候就开始做出相应的调整，接受我们所处环境、群体和社会的价值观。心理学领域经常使用内化这个概念，以描绘个人接受社会价值观和规则的过程。内化有两种主要形式。一种是整合，即你真心实意地接受了外部的价值观和规则，并将其融入自己的内心，成为自我认知的一部分。这是内化的最优状态。另一种形式是内摄，你可能并不认同某些价值观和规则，但因为你害怕被孤立，或者担心如果不按照他人的要求行事，他们就会收回对你的关注和爱护，所以你只能无奈地接受。在社会压力的影响下，许多人的内化过程并非整合，而是内摄。

在我们的日常生活中，我们经常看到那些减肥、戒烟、戒酒的人最终失败了。一个常见的原因是他们无法坚持执行自己制订的计划。心理学家发现，人们参与戒断或减肥计划时的最初动力对他们计划执行的结果有显著影响。

如果一个人是被迫参与这些计划，那么他最终失败的可能性就会大大增加。这里所说的“被迫”，不仅包括直接受到朋友或爱人的强迫，也包括因为肥胖而感到羞愧，或者认为自己酗酒是个错误这类情况。这实际上是各种外界价值观强加于一个人身上的表现，也就是说，最初的动机并不是真的想改变自己，而只是迫于外界的压力才这样做。而那些最初的动机是为了追求更好的生活状态的人，成功的可能性更大。

那么，我们应该如何激发自己的内在动机呢?

1.接纳情绪的代价

这一步至关重要。因为它可以为我们激发内在动机“清理道路”。我们通常想要激发内在动机，以借助它的力量来实现自我改善或转变。然而，德西指出，很多人无法激发内在动力的原因在于他们从心里就不乐意接受因改变而产生的情绪代价。

德西发现，人们在寻找执行计划失败的原因时，往往会忽视一点，那就是酗酒、吸烟和暴饮暴食都是有目的的，而这些目的常常与某种负面情绪相关联。例如，喝酒可以缓解痛苦、吸烟可以舒缓紧张情绪、暴饮暴食可以缓解焦虑。这些行为都服务于不同的目的，使得人们不愿意放弃它们。

在这种情况下，当你决定改变时，最重要的第一步不是制订一个详细又周全的计划，而是先做好心理准备，去接受改变可能带来的情绪代价。例如，与恋人争吵后的悲伤原本是可以通过喝酒来缓解的情绪，现在却需要去接纳它。

2.重新定义自我

你需要在脑海中描绘出一幅清晰的画面，展示你真正想要成为的样子。这幅画面可以重新定义你的未来，激发内在动机。

本节重点

内在动机的激发，能够赋予我们改变的勇气和决心。这个过程或许荆棘丛生，却是改变的必由之路。享受事情本身的美好，也是拥有完整人生的一种必然选择。当一个人充分接纳自我，因为自己想要而去做某件事情时，才是最接近幸福的时刻。

第八章 获得心流状态，让生命二次成长

负面“精神熵”与心流

在物理学中，熵是一种用来描述体系混乱无序程度的量度。根据热力学第二定律，孤立系统总是朝着熵增加的方向演变。例如，当机器运行时，摩擦会使一部分机械能转化为热能并耗散出去，从而增加了系统的熵。

在自然界中，没有外界干预的情况下，事物都倾向于经历熵增的过程。只有生命体具有减少熵的能力。例如，绿色植物通过光合作用将无序的二氧化碳和水转化为有机物，不断生长并释放氧气，这是一个减熵的过程。

量子物理学家薛定谔曾说过一句名言：“人以负熵为食。”作为人类，只要我们生理功能正常，我们也是通过减少熵来实现自我价值的。通过学习和工作，我们将无序的环境转变为有序的状态。

积极心理学奠基人之一米哈里·契克森米哈赖对心流这一心理现象研究了25年，撰写了经典著作《心流：最优体验心理学》。在这本书中，他不仅介绍了全情投入、沉浸忘我的最优体验“心流”，还提出了“精神熵”的概念，即心流的反面，指代精神意识的混乱失序。

书中写道：“每当信息对意识的目标构成威胁时，就会发生内在失序的现象，也可以称之为‘精神熵’。它会引发自我解体，导致效率大幅下降。如果这种状态持续过久，将对个人造成严重的伤害，使其无法集中注意力实现任何目标。”

在探索我们的精神熵时，不妨问问我们是否有下面这些问题。

你是否经常感到情绪波动剧烈，难以平静下来？

是否感觉思维混乱，难以集中精力，容易分心，或者容易被外界干扰？

你是否感到身体疲惫、僵硬、无力，睡眠质量差，处于一种亚健康状态？

你是否已经很久没有真实地感受到自己的存在，没有体验到真正的快乐？

你是否对未来感到迷茫，不知道该如何选择，因此做事拖延，缺乏行动力，甚至出现强迫性的想法和成瘾的行为？

精神熵这个概念，可以作为我们向内观照的一种工具。

在现代社会，精神熵成为了一种普遍存在的心理现象。它包括焦虑、麻木、沉迷手机、懒散无为以及陷入“内卷”状态等形式。这种心理状态是每个人都会或多或少经历的，有些人甚至会出现自我认知的丧失和精神分裂。总的来说，这些都是精神熵高的表现。

然而，精神熵并非心理疾病的专属，大多数人在不同程度上都会经历类似的情况。因此，它的存在不能用“有”和“无”来划分，与临床上将人划分为“病态”和“正常”两类不同。我们可以将精神熵看作一个程度渐变的区间，一端代表意识高度失序，另一端代表意识高度有序。而大多数人的状态都落在这个区间上的某个位置。

因此，不仅仅是严重的心理失调情况，许多日常生活中感觉不佳的、所谓的亚健康状态，也都属于精神熵的范畴。精神熵的高低并不需要与他人横向比较，而是需要向内觉察和探寻自己。它是一种流动的状态，在每天早上和晚上，在工作和假期，我们的精神熵程度可能都不同。

随着我们降低精神熵出现的频率，我们的身心将趋向于更健康，生活将趋向于更有质量。在任何时代的任何人群中，都免不了有少数心理疾病的易感者，这些人可能因为独特的个性和早年经历，难以适应环境所带来的挑战，需要接受药物、咨询等方式的干预。这些人的精神熵程度和频率可能高于常人。

而在今天这样的信息多元时代，我们发现精神熵已经成为一种普遍的现象；甚至那些曾经最乐观、最有心理韧性、声称最不需要心理学的朋友们，也开始受到精神熵的困扰。这是值得关注和重视的。

在全球范围内，我们面临的不仅仅是未知的致命病毒，还有许多前所未有的挑战，包括能源危机、贫富两极化、战争与核威胁、经济危机、环境破坏与气候变化、高科技所带来的危机，等等。某种程度上，时代大环境也在朝着熵增的方向发展。

为什么会如此呢？我们需要进一步了解当前所处的这个时代，它被赋予了一个特殊的名字，叫作乌卡时代。20世纪90年代的美国军方针对在冷战结束后出现的多边世界特征，提出了乌卡这个术语。2019年，由宝洁公司的首席运营官罗伯特·麦克唐纳率先借用这个军事术语来描述商业世界的格局："这是一个乌卡的世界。"

乌卡（VUCA）由四个英文单词的首字母组成，分别是：volatility（易变性）、uncertainty（不确定性）、complexity（复杂性）、ambiguity（模糊性）。这些词汇准确地描述了当前时代的特点。

在乌卡时代，我们面临着前所未有的压力。这个时代的挑战比以往任何时候都更加复杂，而我们的神经系统却仍然停留在古老的阶段，习惯于处理简单或复杂的问题，但对于高度复杂的挑战却显得力不从心。这种超负荷的压力使得神经系统无法承受，从而导致各种失调现象的出现，使得精神熵越来越多地出现在我们的生活中。

精神熵作为一种普遍的社会心理现象，无法简单归纳为某个"症"或"病"，也无法通过药物直接治疗。它代表着低质量的意识状态，而减少这种状态的努力不仅局限于心灵疗愈，更需要通向生命的最优状态和最佳表现的持续努力。因此，为了减少精神熵，我们需要在心理、行为和社会层面寻求一个综合性的解决方案。

《心流》一书中提到了心流和精神熵这两个相对的概念，为我们提供了一种独特的幸福观。指出幸福成长的方向就是从精神熵到心流的减熵过程。在这个过程中，培养掌控意识的能力变得至关重要，每个人都需要具备这种能力。

当我们理解了精神熵的概念后，我们可以经常问自己：我现在的精神熵是高还是低？什么样的行为有助于减少精神熵？如果感觉自己的精神熵较高，我可以采取哪些方法来帮助自己减少精神熵呢？

减少精神熵的方法在生活中是随处可见的。例如，练习正念是一种减熵的过程，可以使头脑从杂乱无章的状态转变为宁静专注的状态。书写也是一种减熵的过程，通过将无序的想法书写下来，形成有序的文字和内容，提升自我觉察并增进与他人的沟通，从而构建新的意义。

总之，了解精神熵的概念并将其应用于我们的生活中，可以帮助我们实现心灵的疗愈和幸福成长。通过培养掌控意识的能力，我们可以逐渐从精神熵的状态转变为心流的境界，从而实现更高质量的生活和更理想的自我发展。

本节重点

《心流》主要基于哲学思考，为我们指出减熵的方向：“对于意识的掌控决定了生活质量。”换言之，我们需要提升对于自己意识的掌控力，让精神意识从混乱失序回归到井然有序。积极心理学专家总结出了减熵的三个途径：首先，有意识地关注当下；其次，有意识地关注积极目标；最后，重塑生活环境，让意识更有序。

心流：幸福与快乐的源泉

在上一节中，我们探讨了精神熵与心流之间的关系。在这一节中，我们将深入剖析心流理论的起源，以及它为何能成为人们追求幸福和快乐的源泉。

古希腊的斯多葛学派曾对类似心流的现象进行过深入探讨，许多宗教人士也有着某种超现实的、狂喜的体验。然而，真正将心流理论推向科学的舞台，使其名垂青史的，是契克森米哈赖。他开启了心流的科学化之旅。

20世纪50年代，当时心理学家米哈里·契克森米哈赖开始研究人类幸福感的问题。他发现，当人们在从事自己热爱的活动时，就会进入一种全神贯注的状态，时间仿佛停滞不前，自我也变得模糊不清。这种状态被契克森米哈赖称为“流动体验”。

随着时间的推移，契克森米哈赖对“流动体验”进行了深入研究，并将其命名为“心流”。他认为，心流是一种高度专注和投入的状态，能够带来强烈的愉悦感和满足感。在心流状态下，人们可以充分发挥自己的潜能，实现自我超越。

那么，为何在心流状态中，我们会感到无比快乐呢？通过最新的核共振技术，科学家们对那些进入心流状态的人的大脑进行了扫描。他们发现，当被测者的专注度逐渐提高时，大脑前额叶皮层知觉系统中负责处理碎片化信息的部分会逐步受到抑制。这时，被测者的感知能力（视觉、嗅觉、触觉、味觉、听觉、呼吸和平衡等）对正在进行的任务变得越来越敏锐，处理起来就越来越顺畅，仿佛一切都在掌控之中。

“心流基因组计划”的创始人史蒂芬·科特勒和神经科学研究家杰米·威尔，通过对军人、科学家和创业成功人士进行脑波分析，为心流状态在人类行为中的应用提供了证据。他们发现，在进入心流状态时，人们的大脑会出现三种独特的波动：a波、θ 波和 γ 波，分别对应着出神体验、深度思考和创造性思维。在这些脑波的作用下，人们的紧张感和焦虑感逐渐降低，满足感上升。而在没有进入心流状态时，大脑主要处于常规理性运作和保持对外部环境警觉的 β 波状态。这一发现为我们理解心流现象及其在人类生活中的重要作用提供了新的视角。

2021年，美国密歇根大学神经科学团队的一项关于意识网络的研究成果揭示了前脑岛在这一过程中的关键作用。前脑岛在感觉信息和意识之间起到了门控的作用，简单来说，当我们感受到外界的信息时，前脑岛会作为一个守门人来决定是否将这些信息传递给我们的意识。如果允许通过，这些整合了感觉、情绪和认知的信息将得到大脑的关注并被标记为绿色通道任务，从而获得从认知系统到感知系统的全面配合。这正是契克森米哈赖所说的控制自我意识的过程。

在专注于处理这项任务的过程中，研究还发现神经网络会通过一种被称为“动机突触”的方式来激励产生理想的结果预期行为。随后，大脑会大量释放多巴胺、内啡肽、去甲肾上腺素、血清素、催产素和大麻素等六种神经递质，也就是我们常说的激素。简而言之，心流体验中那种无与伦比的快感正是源于这些激素。这些激素各自具有不同的功能：多巴胺带来兴奋和激情，内啡肽和大麻素能够有效缓解疼痛和减轻压力，去甲肾上腺素能让人感官更加敏锐，血清素则能在饱食后带来舒适和困意，而催产素则有助于增强对他人的同理心。

在生活的繁复多姿中，我们时常观察到激素的协同作用，它们如同一支配合默契的交响乐队，在我们身体内部奏响和谐的旋律。比如，当我们和朋友共聚一堂，沉浸在欢快的游戏中时，大脑会同时释放出多巴胺和去甲肾上腺素；而热恋之中的人们，心跳加速的背后则是多巴胺与催产素的共同作用。尽管这些活动已经能带给我们愉悦的感觉，但与心流体验相比，仍然相形见绌。

心流，这个被誉为“巅峰体验”的状态，能够同时激发大脑中的六种愉悦性激素，这种复杂的混合效果非常强大。然而，这种快感到底有多强烈呢？

这是一个难以量化的问题，但我们可以通过观察各种行为所释放的多巴胺来大致感受一下。根据一些研究数据，我们可以发现不同活动会释放不同水平的多巴胺。

例如，抚摸动物可以释放30个单位的多巴胺，被人称赞可以增加47个单位，打哈欠可以达到50个单位，看球赛则能激发60个单位，睡到自然醒可以有72个单位，洗热水澡可达到75个单位，听喜欢的歌会增加76个单位，追剧时则会释放出81个单位，助人为乐可以带来92个单位，而按摩和运动分别可达到95个单位和142个单位。与朋友玩耍可以增加120个单位，享受美食则可达到130个单位，打游戏时则能激发175个单位，上厕所也能带来178个单位。涨工资可以增加183个单位，考试过关则能激发185个单位。

然而，需要注意的是，不健康或违法的活动所带来的快感往往远远超过这些数字。例如，抽烟时多巴胺释放量增加至250单位；而摄入甲基苯丙胺（俗称冰毒）则可达到令人震惊的1250单位（这对身体和心理健康都是极大的损害）！

从自身和一些曾经体验过心流的朋友的主观感受来看，当我们在进行普通强度的心流活动时，所获得的多巴胺会比沉浸在游戏中略高。然而，在连续几个小时专注于一项高难度任务后，高强度心流所带来的快感会提升数倍，甚至让人感受到一种令人愉悦的晕眩感。斯坦福大学神经科学教授罗伯特·萨波斯基进一步指出，如果这项任务不仅具有高度的挑战性，而且充满新鲜的乐趣和冒险特性，那么多巴胺在极致专注的状态下可能会飙升至平时的700%，这已经超越了甲基苯丙胺等化学物质所带来的快感。

实际上，这种观点并非夸大其词。根据一些曾使用违禁药品的艺术家和运动员的心流访谈，他们在巅峰心流体验时（通常发生在突破性的创作和挑战极限的时刻）感受到的快感甚至超过了摄入那些危险的化学物质所带来的快感。换句话说，如果我们不想付出触犯法律和永久性损害神经认知系统的代价，也不能保证经常中彩票或坠入爱河，那么追求心流几乎是获得强度高、持久且对身体无害的快感的唯一途径。

根据契克森米哈赖团队的调查，大约有20%的美国人曾经在全身心投入某项活动时体验过心流状态。而报告还指出，从未经历过心流的人占比约为15%。此外，针对6469名德国人进行的调研显示，相比美国受访者，德国人中体验到心流的比例更高（23%），而从未体验过心流的受访者比例则相对较低（12%）。需要注意的是，这些数据都是基于低强度心流出现的情况统计得出的，而中高强度心流的体验者比例肯定会更低。

想象一下，当你非常专注地做某件事情时，周围的一切都似乎被静音了，时间过得飞快，不知不觉已经过去了几个小时。这种状态就像是在一个无边无际的宇宙中自由翱翔，你的心灵在其中自由穿梭，无须顾忌任何束缚。而在活动结束后，你不仅不觉得疲惫，反而渴望继续下去。这就意味着你已经在心流的平行世界中畅游了一番。

然而，这种情况在生活中发生的频率是不确定的，每个人对此都有自己的判断。有的人可能在日常生活中就能频繁体验到心流的魅力，而有的人可能一生都无法触及这个神秘的领域。总的来说，心流是一种令人向往的心理状态，它能带来愉悦和满足感，并提升我们的专注力和工作效率。

本节重点

虽然每个人体验心流的机会不同，但我们可以通过选择适合自己的投入型活动来增加进入心流状态的机会。无论是园艺、听音乐会还是打保龄球，只要我们全身心地投入其中，就有可能体验到心流的魅力。

成瘾性 vs 非成瘾性的心流比较

当我们进入心流状态时，一种令人兴奋不已、全神贯注的体验，让我们忘却了周围的一切，仿佛时间在瞬间飞逝。这种体验常常让人联想起马斯洛所描述的高峰体验，即人类在超越自我实现的瞬间所体验到的强烈而愉悦的感受。尽管两者都能带来美妙绝伦的感受，但仅从字面上来看，我们可以发现它们之间存在着一些差异：高峰体验强调的是短暂的爆发，而心流则是一种持续贯穿于时间之中的体验。

然而，与高峰体验相比，虽然心流相对容易获得，但它也存在一些不容忽视的负面影响。

契克森米哈赖明确指出了心流的四个前提条件：首先，相关活动的每一时刻都必须有小目标；第二，实现目标的规则必须清晰；第三，这一活动必须能给出即时反馈，这样参与者才有确定感，随时知道自己的境况；第四，活动任务必须要求一些操作技能，这样能同时给予参与者控制感和挑战性。

这四个条件，是不是有些似曾相识，像不像我们玩过的网络游戏设置的规则？以我们都熟悉的游戏“超级马力欧兄弟”为例，游戏的目的是打败恶龙解救公主，玩家为了解决这个问题就要不断去闯关，拿到一个又一个小旗，最终才能解救公主。诸多类似的闯关游戏以及赌博游戏其实就是引发了玩家的成瘾性心流。

成瘾性心流，是指我们痴迷于心流初始时的体验所带来的好处，但如果长时间沉溺其中，却并不会因此得到成长。比如长时间沉迷于游戏和“刷剧”，或是赌场上的疯狂投注。然而，这些损失大于收益的成瘾心流和学习、成长中的非成瘾心流相比，却似乎更易得也更具诱惑性。

在电子游戏公司中有两个职位叫游戏关卡设计师和数值策划，他们会尽量让你在游戏中一直处于心流通道中，以此让你在游戏中停留得更久。比如同一个关卡，他们不会让你一次性通过，也不会让你玩很久都通不过，而且他们会让你从技能上或等级数值等因素中都感觉自己在进步成长。当然他们也可以做到让50%的用户在某关卡付费，让用户体验和商业目的达到一定的平衡。

成瘾性心流是一种极端的投入状态，最终会耗尽我们的体力和精力。我们不能随心所欲、无节制地一直处于心流中。然而游戏商家的目标是什么？是让我们一直玩下去！

研究发现，人类许多极致的体验，无论是被我们视为负面或违法行为的，还是被我们视为娱乐休闲活动的，这些超越的快感，都与我们大脑的一小束神经元（内侧前脑束愉悦回路）有关。无论是在助人过程中体验到超然快乐的慈善家，还是对高热量食物有着强烈欲望的暴食者，或是信用卡刷爆也要不停购物的购物狂，所有这些让人沉醉的活动，都激活了大脑中的同一条愉悦回路。人类天生有追求快乐的本能，而成瘾心流体验因其简单、易得、快速，轻松捕获了我们的愉悦回路，让我们陷入本能的深渊。

用更通俗的话来解释，老虎机等赌博机器所设置的陷阱，就是人类版的斯纳金箱（因由行为主义者斯金纳发明而得名）：将大鼠放在一个与外界隔绝的箱子里，箱子里有一个踏板，大鼠碰到踏板，就会得到一颗食丸，就像老虎机赢了可以吐出硬币一样。于是，大鼠明白只要按下踏板，就会获得正面的强化奖励。

如果大鼠每次按下踏板都能获得食物，那就会导致一个结果——它只会在饥饿的时候按下踏板。但实验的作用过程不是这样，而是运用了间歇性强化。简单来说，间歇性强化指的是奖励（食丸）是随机给予的：有时大鼠什么也得不到，有时得到少量食物，有时得到大量食物。它永远不知道自己什么时候能得到食丸，所以就不断地按下踏板，一遍又一遍，即使没有得到任何奖励。因此，大鼠发展出了强迫性行为，也可以说是上了瘾。

在这个快节奏的时代，每个线上商家都在尽可能地占用我们的时间和精力，让我们在他们的平台上停留的时间越长越好。网络游戏更是将这些吸引人的元素运用到了极致，他们构建的虚拟世界虽然并非真实存在，却如此宏大和引人入胜，我们在游戏中的每一个行动都能得到视觉和听觉的即时反馈，我们可以看到自己每次付出的结果，我们可以享受到游戏带来的社交乐趣，如集体荣誉感，甚至是虚荣心满足。相比之下，现实生活显得无趣，这就是我们更愿意沉浸在游戏的世界里的原因。

契克森米哈赖强调，着意于自我实现的人，会参与积极的、不成瘾的心流活动，即“向前逃避”，他们创造新的现实来超越既有现实的限制；而喜欢逃避社会的人则倾向于参与消极的心流，即“向后逃避”，他们不断重复一些行为来麻痹自己对现实的体验，而这些重复行为又将他们引向赋能性质的情感状态或新的可能性。

成瘾性心流与非成瘾性心流之间存在重大差异。虽然成瘾性心流，例如赌博和玩游戏，能带给我们快乐，但这种快乐并未达到“极度幸福”的境地。关键在于，虽然这些活动让我们沉浸其中，但我们的注意力并不是由我们自己控制的，而是被活动所引导。

非成瘾性心流需要我们的大脑主动控制注意力，以保持持续的专注。相比之下，成瘾性心流是被动的，我们的注意力被活动本身所引导。最容易获得心流的活动都比较古老，比如航海、下棋、打猎、攀岩，这些活动的最大特点就是必须专心致志，否则引发的后果可能会带来重大的伤害。

本节重点

成瘾性心流与非成瘾性心流在活动结束后的感觉上有显著区别。当我“刷剧”到深夜，结束时只会感到疲惫。然而，当我全神贯注地完成一幅画作后，内心会感到无比的满足和快乐。这表明，虽然两种心流都能带给我们快乐，但非成瘾性心流的满足感更为深刻和持久。

普通人如何进入心流状态

在前面的几个章节，我们明确了精神熵的概念、心流是幸福的源泉，区分了成瘾性心流和非成瘾性的不同，现在，我们来谈一谈普通人如何进入心流状态的方法。

心流是米哈里·契克森米哈赖和他的研究团队走访了各行各业几千人，收集了超过10万份实验数据后得出的结论。

在一次演讲中，米哈里·契克森米哈赖提到了7个条件，这也被认定是心流的7个特征。

精神集中：你的注意力高度集中在正在做的事情上。

感到狂喜：你从日常琐碎的杂念中脱离出来，进入一种喜悦的状态。

内心清晰：你知道接下来该做什么，并知道如何把这件事做得更好。

力所能及：你的能力和现在做的事情相匹配（不会觉得它太简单而感到无聊，也不会因为觉得它太难而焦虑）。

宁静安详：你忘记了自己，丧失了自我察觉。

时间感消失：时间在不知不觉中飞快流逝。

内在动力：你觉得自己做这件事情是源于内心的渴望和对该目标的认同。

在这种状态下，你不仅会感到愉悦，而且你的工作效率也会得到显著的提高。具体提升的程度有多大呢？根据研究，当人们处于心流状态时，其工作效率可以提高到原来的5倍。

根据米哈里·契克森米哈赖的研究，达到心流状态的四个主要条件包括：清晰的目标、即时的反馈、任务与技能之间的平衡，以及对于任务的深度参与。

下面这4个方法，就是为达到心流状态而设定的。

1.设立合适的目标

设立合适的目标是一个综合的过程，它包括三个方面：目标的清晰性、适当的难度以及兴趣的驱动。当一个人没有明确目标的时候，他的状态和体验会大大降低。在这种情况下，人们容易感到迷茫和无聊，常常陷入忧虑和恐惧的负面情绪中。然而，当一个人有清晰的目标，知道自己应该去做什么的时候，他就会想方设法去实现这个目标，从而变得更加自信和投入。因此，一个清晰的目标应该是具体且可衡量的。例如，如果你的目标是减肥，那么“每天跳三组绳，每组400次，各组之间休息5分钟”就要比“每天尽可能多地跳绳”更具体和可衡量。

接下来是目标的难度。合适的难度应该与你的能力相匹配。一般来说，我们的能力与目标之间会呈现出三种状态。只有当我们所面临的挑战与自身能力相匹配时，我们才有可能进入心流，充分发挥自己的能力去迎接挑战，全身心地投入目标的实现中，并从中获得乐趣。那么，什么叫作挑战与能力的相匹配呢？具体来说，当挑战略高于能力5%~10%时，我们最容易进入心流状态。然而，有些人可能会说，我每天的任务已经做得很熟练了，或者我面临的任务太难了，远远超过了我能力的10%。对于这种情况，即使一项工作再简单，也应该给自己设定挑战。举个例子：

电子厂的一位工人在流水线上工作了5年，在别人看来这是一项非常无聊、枯燥的工作，然而他却觉得非常有意思。为什么他不感到厌烦呢？关键在于他会定期给自己设定一些挑战：比如设计好自己的每一步动作，争取再快一点儿，打破昨天的纪录。而当他实现了目标之后，他又会为自己设定难度更高的挑战。

最后是兴趣的驱动。对于我们来说，兴趣是我们进入心流状态最大的推动力。当我们做自己喜欢的事情时，我们会充满热情地去做，也就更容易进入忘我的状态。而如何找到自己的兴趣所在，或者在日复一日的生活中找到价值，这是需要我们不断探索的问题。

2.获得即时反馈

能够获得即时反馈是进入心流状态的一个重要因素。我们都曾经玩过“俄罗斯方块”这款游戏，它看似简单甚至有些乏味，却能吸引人们沉浸在其中几个小时。原因在于，当我们成功堆叠对应的方块时，屏幕会立即清理干净，并给出诸如“完美”等奖励反馈。这种即刻的消失和反馈实际上为我们提供了一种即时的确认，让我们始终清楚自己正在做的事情以及做得好不好。得知自己的行动及其结果后，我们更愿意投入更多时间和精力，以提升自己的技能或纠正错误。

3.排除外界干扰

外界的干扰如同一道无形的屏障，时刻威胁着我们的注意力，使我们的意识变得混乱不堪，难以进入那令人陶醉的心流状态。要想成功地进入心流，我们需要有意识地去排除这些干扰。以下是一些建议：

将手机设置为“免打扰模式”，并将其放在视线之外的地方，以免被其打断思绪。

佩戴抗噪声的头戴式耳机，以降低周围噪声对注意力的影响。

关闭无线网络连接，避免因网络信号波动而分心。

寻找一个相对安静的环境，有助于集中精神。

为可能分散注意力的电子社交软件和会议等设定具体的时间限制。

为App设置允许打扰你的时间段，以便在需要集中精力时不被打扰。如有必要时，删除那些浪费时间和精力的App。

关闭电子设备的消息提醒功能，避免因通知铃声而分散注意力。

4.一次只做一件事

在当今的社会，我们常常身陷于多任务的纷扰中，这使得我们难以专注于任何一项任务。这种状态下，我们的精力和时间被任务的切换和混淆消耗着。因此，我们应该尽量避免无谓的转换，全力以赴地投入每一件事情中，做到尽善尽美。然后，我们才能有空闲去考虑下一件需要完成的事情。然而，这并不意味着我们可以随意地挑选一件事来做，因为这样会让我们失去对事情重要性的把握。我们需要找到当前最重要的那件事，并优先完成它。只有那些能够管理好自己内心秩序，让自己进入心流状态的人，才能体验到真正的幸福和坚定。

本节重点

人生的意义在于找到活着的意义：不论它从哪里来，也不论它是什么，只要我们找到一个大方向，那么人生就会变得有意义起来。知道自己想要什么，然后朝着这个方向努力的人，他们内心的喜悦将自然而然地浮现出来。所以，我们需要慢下来享受生活，给自己时间去参加一个能让你全身心投入的活动，好好享受你的休假时间。去寻找那种让你笑得合不拢嘴的心流感觉，而不是一时的激情。

心流如何治愈焦虑

契克森米哈赖认为，当人们处于心流状态时，他们的注意力完全集中在任务上，没有分心或焦虑的干扰。这种专注的状态可以增强个人的自信和动机，并促使个人的表现更优秀。

心理学家比尔·韦德的研究进一步证实了这一点。通过观察他所在诊所的运动员和顶尖表演者在心流状态下的认知状态，他发现这些人在完成任务时表现出高度的专注和投入，没有焦虑、不坚定的动机或侵略性的思想。这表明，当人们能够进入心流状态时，他们能够充分发挥自己的潜力并有更好的表现。

由此可知，心流对于消除焦虑的作用不可小觑。它能让人们保持最佳状态，推动身心的治愈过程，使人们以更有活力的方式生活。就如同契克森米哈赖博士的研究所揭示的那样，那些能达到最大发挥水平的人通常不会受到焦虑的困扰。因此，要想消除焦虑，最好的方法就是尝试将心流融入我们的日常生活中。

心流是如何阻挡焦虑的?

答案其实很简单。当你全身心投入你热爱的活动中时，你不可能感到焦虑。当你从享受转变为心流状态时，实际上你已经改变了对世界的认知。事情并没有看起来那么可怕，挑战也没有那么令人沮丧，因为心流打破了所有限制你信念的障碍，为你敞开了所有可能性，让非黑即白的二分法无法成立。

乔安娜是一位才华横溢的小提琴家。自幼她就投身于小提琴的学习中，每日练习数小时，对音乐的热爱推动着她不断前行。然而，随着时间的推移，她的手掌和手腕开始感到疼痛。她的老师告诉她，这是因为她过度努力，而压力又影响了她拉弓的方式，导致了痉挛和腕管综合征。

但她有一个老师不知道的秘密：其实她并不是因为过度努力而有压力，而是患有遗传性神经疾病，这种疾病会使她的手轻微颤抖。这种颤抖给她带来了巨大的压力，她必须用尽全力去控制它。她担心这种颤抖会影响她在比赛中的表现，甚至可能会毁掉她的职业生涯。

乔安娜找到了比尔·韦德，他建议她尝试接受催眠疗法。比尔向她解释了如何通过拉小提琴进入心流状态。在这个状态下，乔安娜能够在专注和放松之间自由切换，从而消除颤抖，完全沉浸在音乐中，忘记时间和外界的存在。催眠疗法让她在没有压力的情况下练习，随着她对心流状态的掌握越来越熟练，她在专业演出时也能复制这种状态。在心流状态中，她可以全心投入她热爱并能够控制的音乐中，不再担忧他人的眼光。她知道，即使犯错误，她也有能力掩饰并继续演奏。

乔安娜巧妙地将自己置于这种状态，这使得除了她的母亲和比尔之外，无人知晓她的疾病。只有经验丰富的医生才能察觉到一些微妙的迹象：瞳孔的轻微扩张，注意力的放松，肌肉张力的减少，以及极度的专注。之后，比尔教导乔安娜如何迅速地在音乐和观众之间切换她的注意力，借由她富有感染力的表演吸引观众。通过这种方式与听众交流，使每个人都能共享这种体验，乔安娜甚至进入了群体的心流状态。她的表演得到了专业人士的赞扬，并有幸与一些国际知名的音乐家合作演出。

乔安娜不仅恢复了自信，也重新找回了对小提琴的热爱，那是她最初选择成为小提琴家的原因。你可能会认为，是心流状态给予她力量，赋予她魔力。但你要明白，心流也可以为我们每一个人带来帮助。

毫无疑问，心流体验并不仅仅是艺术家、作家和音乐家的专利。一项针对建筑学和商科学生的研究发现，处于心流状态的人们可以增强他们的内在动力和自我决策能力。据麦肯锡公司的一项长达10年的研究发现，当人们处于心流状态时，主管的工作效率可以提高5倍，而员工们可以将团队协作发挥到极致。这种集体意识有助于团队成员放下自我，消除担忧和恐惧。

有意识地创造心流状态至关重要，因为这种状态能增强我们摆脱旧有习惯、实现非凡壮举的意志力。当你站在人生的十字路口，期待着生活的新篇章时，心流就像一双无形的翅膀，助推你飞翔。

心流能引导人们完成那些他们原本认为不可能的任务。正如史蒂芬·科特勒在他的著作《超人的崛起：解码人类极限的科学》中所揭示的那样，一些极限运动员和成功人士之所以能够取得卓越的成就，就是因为他们能够在心流状态下工作。让我们想象一下菲利克斯·鲍姆加特纳——这位身穿特制宇航服的极限运动员——从太空边缘以超音速自由落体的方式跳伞，然后像一只小鸟一样安全降落到地面。这个实验为宇航员们展示了一种新的疏散策略——如果他们的宇宙飞船发射失败，他们可以借鉴这种策略逃生。神经生物反馈是一种高效且低风险的方法，许多商业领袖利用它来提升自己的工作效率和创新思维。然而，你也可以通过参与简单的活动，如运动、冥想或自我催眠来体验心流的魅力。在这种状态中，你的思路会变得更加清晰，你可以从容地管理和表达你的情绪。

接下来的几天，如果你能进入心流状态，你的工作效率可能会像超人一样疾速飞升，你解决问题的能力可能会像章鱼触手一样强大，你的创造力可能会像彩虹糖果的色彩一样丰富。为什么呢？因为心流状态就像个隐形的超能力装备，让你在一瞬间变得无敌。而且，即使你不再处于这种状态中，它的影响还会像融化的冰激凌留下的痕迹一样，让你能看到实现梦想的另一种可能。

本节重点

当你坚信自己的决定是正确的，你的信心可能会高涨，焦虑感就像冰雪碰到了热水壶一样立马消失。所以，尽可能让自己进入心流状态吧，这对你的成长大有好处。不过，如果你容易受到自我怀疑和别人的评判的影响，你可能会失去心流状态。但是别担心，我们可以通过训练让自己进入心流状态，就像训练猫咪玩新的玩具一样。

心流下的无意识帮助我们解决问题

无意识，可能是我们人类最珍贵的宝藏。它是解决问题的灵感源头，是创造财富的诀窍，是艺术和音乐作品的共同创作者，也是推动心灵沉浸状态的力量。

埃尔默·格林，一位在生物反馈研究领域享有盛誉的先驱者，他对高级心理状态也有深入的研究。他独创了一种名为“询问无意识”

的探索方式，在放松的状态下，他常向自己的潜意识寻求数学问题的解答。他发现，在这种和谐的状态中，生动的图像会如灵感般闪现在他的心灵深处，引导他找到问题的答案。就像一道灵光乍现，解决了一个困扰了专家百年的难题。他把这次启示性的发现发表在了《科学》杂志上。格林深信，当你身心合一，沉浸于心流的境界中，你就仿佛置身于一个宏大的“精神”图书馆，这个图书馆收藏了宇宙的所有知识与信息，你可以向你的潜意识询问你需要的知识。他设计了一个十分有趣的实验：如果你想寻找书架上的某一本书，你只需坐在书堆旁边的椅子上，向你的潜意识询问那本书的位置。不要给自己施加压力，保持轻松和平静，然后开始在你的书架上搜寻。通常，你会在你几乎忽略的角落里发现你想找的那本书。

现在我们讲一个心流帮助解决问题、激发灵感的实例。李・兹洛托夫，一位才华横溢的制片人和编剧，在20世纪80年代，为经典美剧《百战天龙》注入了无尽的生命力和创意火花。他发现，当他需要激发创造力来快速完成剧本时，心流状态对他大有裨益。在剧中，主角马盖先是位擅长利用简单工具解决问题的英雄，他幽默且谦逊。连续剧结束后，这个角色依旧大受欢迎，热度持续攀升。

李・兹洛托夫在一次采访中分享了他的心流体验。他说，他会通过短暂的散步或冲凉，将注意力从担忧问题上移开，专注于此刻。在这个时刻，他仿佛掌握了一把神奇的钥匙，打开了通往心灵深处的大门。他已经进入了一种奇妙的境界——心流的第二阶段。而在这个阶段中，他偶尔还会短暂地进入第三阶段，那时他的潜意识会激发出

θ波和γ波，为他带来无尽的灵感。几个小时后，他的脑海中便会涌现出一个个新颖独特的想法，让他迫不及待地拿起笔来谱写下一个剧本。他深知，他的无意识总能孕育出新的想法，而他总能从那海量的信息库中汲取灵感。这再次证明了，无论在哪个行业，人们都可以借助心流状态获得创新思维。

当你在寻找新的灵感，或者需要对某个创新项目进行再次完善时，暂时离开你的工作环境，休息片刻，改变一下你所处的环境，这将对你有着极大的帮助。你可以走进大自然，聆听一些音乐，或者是做一些运动，这样做能改变你的思维模式。当你想要放下对某个问题的焦虑时，你会发现自己会逐渐停止挣扎，进入一种被称为心流的状态。在这种状态中，你的注意力将会变得更为集中。

从本质而言，我们的无意识就像一座宏大的思想孵化厂，无时无刻不在研磨信息，熔炼出解决问题的新方式。它在这个孵化过程中，如同一个思维活跃的创新者，孕育出无数新的想法，而这些想法在那无尽的创新海洋中自由漂浮，不受任何焦虑和恐惧的束缚。你大可不必担心你的无意识不能提供解决方案，因为你需要的只是简单的放松——洗个热水澡，或是在公园里漫步，让你的思维随着步伐的节奏起伏，从而跳出那日复一日的思维定势。当你这样做时，你就能避开焦虑的阴霾，不再被那些强加给你的、不必要的期待所困扰。你的大脑会像一位智慧的导师一样，为你提供无数的灵感，引导你轻松解决那些看似复杂的问题。

在过去的10年里，无数的研究者深入探索了“思想孵化厂”的奥秘，试图揭示它在解决问题上的无穷潜力。他们的发现令人惊叹：无意识的联想加工如同一股清泉，汇聚迥然不同的想法、既往的体验和各种关联性，孕育出崭新的思维火花。人们在处理问题时，往往受限于有限的信息和判断，甚至误入歧途。然而，正是这样的困境，让我们有机会打破常规思维的桎梏。即使你在自己擅长的领域，也需要投入时间和精力去深入研究，顺其自然地体验。当你意识到所学、所经历的一切都被潜意识记录下来时，你会感激这个内在的“蓄水池”。它收藏了你在意识状态下从未触及的所有想法。通过不断的练习，你将进入心流的境界，同时进入全脑同步运作的状态，这样，焦虑便会渐渐消散。

本节重点

如何更高效地解决问题呢？保持“心流”状态是解决问题的关键。“孵化过程”的开始是让你的意识占据某个领域。向潜意识提出一个问题，并将其写下来。当机会合适的时候，向你的潜意识寻求答案。你的潜意识可能会提供一些新的信息或想法。

专注力训练：获得心流的一把钥匙

在我们叙述心流状态的神秘之处之前，让我们先聆听一段颇具禅意的故事。一个年轻的信徒，对于开悟前的老信徒日常生活充满了好奇，他问道："在您获得真理之前，您的日常活动是怎样的？"老信徒平静地回答："我主要是砍柴、挑水、做饭。"然而，这个答案并未让年轻信徒满意，他再次提问："那开悟后，您的日常生活又是怎样的呢？"老信徒依然保持着宁静的微笑，回答说："我仍然砍柴、挑水、做饭。"年轻信徒对此感到困惑，他不解地问："那么，什么是开悟呢？"老信徒微笑着解答："在我开悟之前，我在砍柴的时候想着挑水，挑水的时候想着做饭，做饭的时候又想着砍柴；然而在我开悟之后，我砍柴就是纯粹的砍柴，挑水就是纯粹的挑水，做饭就是纯粹的做饭。这就是开悟。"

以餐桌上的行为为例，现代生活的节奏让我们往往在咀嚼食物的同时，被手机屏幕上的资讯吸引。我们大口吃下饭菜，却常常抑制住食欲，只为掏出手机，沉浸在娱乐App的世界。然而，这种习惯使我们与内心的平静越来越远。

若愿意放下手中的智能设备，全心全意地投入每一口食物，或许就能重新找回那份心流的感觉。有一种方法可供尝试：偶尔“遗忘”手机的存在，让自己全神贯注地品尝每一口食物。

想象一下，你舀起一勺米饭，它在口中翻滚，释放出一丝微妙的甜意。再夹起一片牛肉，酱汁的咸香与牛肉的鲜美交织在一起，形成一种令人垂涎的美味。当你用心感受每一口食物时，你会发现生命的美好就蕴含在其中。

你需要忍受享受美食时的孤独感，因为只有专注才能体验到心境改变带来的愉悦。你可以从每周一两次开始，逐渐增加专注于吃饭的次数。另外，还有一个小秘密要分享给你：如果你在吃饭时不看手机，你会发现自己的食量减少了大约20%。这是因为专注于品尝食物会让我们更容易感到满足，从而减少无谓的食物摄入。

我们时常陷入手机的“魔爪”，不仅用餐时无法专心品味美食，甚至如厕的时刻也无法放下手机。一位网友曾经自述：“我是一个无法让大脑闲置的人，否则我会感到非常不安。如果我不带着手机进厕所，我会阅读所有能读的东西：比如洁厕剂的使用说明、洗发水的说明，等等。读完之后，我会观察所有我能观察到的事物，比如热水器冷热水龙头是否放置在中心位置、浴霸四个加热管的中点连线是否是正方形、卫生纸的图案以及撕口是否整齐，等等。”

如果你也有同样的情况，那就强迫自己在上厕所时放空心灵。如果感到焦虑，那就任由这种情绪升起，尽管可能会感到“抓狂”。你也可以将自己视为旁观者，观察自己是如何“抓狂”的。

试着将自己从这种“抓狂”的状态中解脱出来，想象那个正在“抓狂”的人并不是你，而是另一个人或者动物，看看他们长什么样子。因为“抓狂”的状态其实是内在情绪的一种表达，当你关注它的时候，它就变得可见了，而看见往往是疗愈的开始。一旦不再“抓狂”，你就能慢慢集中注意力。这也是心理咨询的一种技术。通过想象的方式，面对自己的情绪。

利用日常的吃喝拉撒训练专注并不容易，因为这些活动已经变得司空见惯。这也是为什么更具挑战性的运动更容易产生心流。

在徒手攀岩中，专注力是非常重要的。它不仅能够帮助我们保持平衡和稳定，还能够让我们更好地应对突发情况。当我们全神贯注地关注双手和双脚的每一寸移动时，我们会本能地调用所有感官，如触觉、视觉、听觉等，以便更好地感知周围环境并做出正确的反应。

专注力是一种高度集中的能力，它可以帮助我们更好地控制自己的情绪和思维。当我们全身心地投入时，我们可以更好地控制自己的行为和决策，从而更高效地实现自己的目标。此外，专注力还可以帮助我们提高学习效率和创造力。

除了徒手攀岩，还有许多其他活动可以帮助我们培养专注力。例如，唱歌、跳舞、瑜伽、跑步等运动都可以帮助我们集中注意力并提高专注力。此外，阅读、写作、绘画等艺术创造活动也可以帮助我们培养专注力。无论选择哪种活动，只要我们能够全身心地投入其中，就可以提高我们的专注力水平。

从我们热爱的事物开始，然后延伸到日常生活中的点点滴滴。时刻保持专注力，即使只是做一些琐碎的事情，如砍柴、挑水、做饭等。然而，专注力的天敌是评判。比如在唱歌时担心嗓音走调，在跳舞时担心舞姿不流畅，在滑滑板时担心技术水平不够。总是在意他人的眼光，害怕被嘲笑，这些都是内心评判的声音。嗓音走调并不妨碍你享受唱歌的乐趣，舞姿不流畅也不影响你感受跳舞的快乐。只要有想法，就大胆尝试。如果不去实践，何谈专注和心流？房间角落里那些尘封已久的滑板、瑜伽垫、吉他，是时候重新拿出来了。冥想是提升专注力的有效途径。《道德经》中有言："孰能浊以静之徐清，孰能安以动之徐生？"这句话意味着只有内心平静安定的人，才能在行动中不断进步。冥想为人们提供了一种让自己冷静下来、厘清思路的机会。当内心保持宁静时，注意力就不会被杂乱的思绪所干扰。

回首那些曾让我们困惑的问题：如何迅速进入心流状态？网络上充斥着各种寻求快速成功的诱惑：如何在短短两个月内实现财富自由？如何在短短时间内塑造完美的身材？然而，许多人在追求速度的过程中，却忽略了心流的真谛。恰恰是因为过于急功近利，才使得我们无法轻易触及心流的境界。反倒是保持平和的心态，从容地迈出每一步，才更容易领悟心流的奥秘。

本节重点

心流的本质其实非常简单，就如同细嚼慢咽地品尝美食、脚踏实地地迈向前方。道理易懂，但真正付诸实践却并不容易。正因如此，简单的方法人们反而视而不见，殊不知朴素的道理中往往蕴含着无穷的力量。